兒難雜症奇遇記

栢峰醫務中心編著

U0130481

聯絡資訊：

網址

尖沙咀 - 101

沙田 - 606

沙田 - 806

荃灣 - UG51

序（一）

宋朝傑出醫學家錢乙（即錢仲陽），是兒科聖手，所著《小兒藥證直訣》一書，是現存最早的兒科專著，被推崇為「幼科之鼻祖」，錢乙也被尊為「兒科之聖」。他的弟子閻季忠在為《小兒藥證直訣》作序時說：「醫之為藝誠難矣，而治小兒為尤難」；中國古語亦流行「寧治十男子，不治一婦人；寧治十婦人，不治一小兒」的說法。

小兒不懂表達，病徵不明顯，醫者向小兒問症，為小兒診斷、治療，本來就不容易，要是小朋友患的是奇難雜症，更是難上加難；即使小朋友患的是較常見的兒科病，但病徵往往不典型，甚至有時會模仿其他疾病，導致醫生診症時多走許多歪路，久久仍茫無頭緒，甚至誤診。

有見及此，栢峰醫務中心的兒科團隊，總共十名醫生，合力著作《兒難雜症奇遇記》一書，書中輯錄了 20 個真實而不尋常的個案，希望透過分享他們的經驗，讓社會大眾更深入地認識兒科。

為人父母、家長，對小朋友的健康至為關心。閱讀本書的真實個案，讓他們更清楚認識兒科醫生如何抽絲剝繭，鉅細無遺地為小兒斷症、診治。同時亦了解到若小兒患上奇難雜症，或病徵不明顯，診斷並非一蹴即就，有時要花點耐性，才掌握到整個病況。

　　本書作者，都是行醫多年，經驗豐富的兒科專科醫生，難得他們在百忙之中，為普及兒科專科，著作了這本深入淺出、資料豐富、讀起來趣味盎然的讀物，我誠意向讀者推薦這本好書。

霍泰輝教授 , SBS, JP
香港中文大學副校長
卓敏兒科講座教授

序（二）

孩子是父母的命根子。遇上孩子有病，父母何其心痛。

栢峰醫務中心的兒科專科醫生，除了在門診為孩子診治，也在各間醫院收症，保護孩子的健康，與他們渡過難捱的時候。作為婦產科安全隊長的我，對他們最為敬重和感激，是他們在醫院留守，即時評估和治理初生嬰兒，成為產科醫生和新任母親的強大後盾。

他們的做法，除了專業與承擔，他們也以行動，表達對孩子的愛。

醫生這個名稱來自拉丁語中的「老師」，意味「教導」。在這本《兒難雜症奇遇記》裏，各位同事一邊分享故事，一邊不忘解說各種疾病，栢峰醫生現在正正實踐了教育家長的重要工作。

希望大家享受這本書。

梁國齡醫生
康健國際醫療集團有限公司 集團營運總監
翹康醫務中心創辦人

序（三）

在威爾斯急症室工作已經二十多年，每天都見到很多不同病人，由輕微感冒到嚴重創傷。然而，對於兒科病人，我是有着一份獨特的情感。除了自己在專科培訓期間，有半年時間和兒科的團隊合作，跟他們學習令我獲益良多。他們心思縝密，敬業樂業，態度專業，實在令人敬佩。加上作為兩個孩子的父親，我深深感受到守護他們的健康，是自己畢生的任務。

兒科病人最大不同之處，就是他們溝通方式和我們成年人大相逕庭。他們不大懂得表達自己的需要，所以要加倍用心聆聽，仔細觀察、檢查，才不會錯過了一些細微但重要的線索，過程猶如大偵探福爾摩斯一般，去偵察一些看似不關連的表徵，推敲出內裏可能隱藏的嚴重疾病，稍一不慎，將為孩子造成深遠的影響呢！

幸好我們有一隊專業的兒科「大偵探」，他們抽絲剝繭去解決每位小人兒的問題，為他們樹立一面盾牌，夜以繼日保守着我們一根根社會未來的棟樑。書中每個故事均賺人熱淚，真摯感人。祝願每位寶貴孩子都能夠愉快健康地成長！

鄭志雄醫生
威爾斯親王醫院 急症室部門主管
急症科專科醫生

序（四）

Big congratulations on publishing this medical book.

Dr Lau is a very professional and caring doctor and I hope this book he has taken part in can help many parents to understand more about Pediatrics.

Best wishes to all the loving parents and grandparents.

劉倩婷女士
2009 年度香港小姐冠軍
慧妍雅集 2016-2017、2017-2018 及
2021-2022 年度執行委員會會長

前言

有時候我的子女會問我，為什麼選擇兒科醫生為職業呢？我往往會隨意地答他們，因為喜歡跟小朋友玩耍和打交道。這個當然是其中一個原因，但其實當年畢業的時候，兒科也是一個熱門的選擇，基本上希望挑戰一下自己，看看有沒有能力進入兒科的大門。那時差不多十多位見習醫生爭取一個受訓的機會，可以成為政府醫院兒科的實習醫生，着實非常幸運。

轉眼已經畢業了接近三十個年頭，回顧這些日子，一半時間在公營醫院服務，餘下的時間則在私營醫療機構執業。其實兩者的分別不大，因為我在私營醫療機構服務時也要在醫院值班和處理急症。

在私人執業前，總覺得私家兒科醫生可能只是診治一般傷風咳嗽；但從我和同事的經驗得知，如果細心觀察每一個病徵，便會察覺每一個病症可能看似簡單，但若處理不善，可以衍生大問題，故此更加不可掉以輕心。作為醫者更須詳細、耐心檢查，找出病因並妥善處理。

因為幼兒的抵抗力始終比較弱，加上他們的表達能力不如成人，如果欠缺耐性去探查病因，亦有可能引致幼兒因病情沒有得到適時的治療而受到傷害。

撰寫這本書的原意是希望讓大家知道兒科的病症不一定是「濕濕碎，小兒科」。這書匯集了我們栢峰醫務中心諸位兒科醫生行醫多年所見的一些奇難雜症，希望與各位家長朋友分享，讓你們知道一些看似輕微的病症，其實內裏可以是大問題，絕對不能掉以輕心。希望大家既可得到相關資訊，亦可找到一點閱讀的樂趣。

劉成志醫生
栢峰醫務中心醫務總監
兒科專科醫生

目錄

序（一）- 序（四） ······································ P.2-9

前言 ·· P.10-11

幼年特發性關節炎 關節紅腫 小朋友都有風濕病？ ········ P.14-19

紅斑狼瘡症 小朋友出疹 全因「狼」來了？ ········ P.20-25

隱藏性陰莖 被困的小鳥 ········ P.26-29

小兒抽動症 抖腳咳嗽眨眼 肌肉抽動無意識！ ········ P.30-35

尿崩症 小朋友頻頻去廁所 不是貪玩 而是尿崩？！ ····· P.38-43

頭髮止血帶綜合症 毛髮可修飾的一隻手 ········ P.44-49

小兒濕疹 醫生，一定要用類固醇嗎？ ········ P.50-55

睡眠窒息症 無心睡眠 ········ P.56-61

花生敏感 一粒花生就氣喘？食物敏感要小心！ ···· P.64-69

川崎症 不能控制的高燒 川崎出奇症 ········ P.70-75

包皮炎及外陰炎 包皮炎外陰炎 常見病別害羞！ ········ P.76-81

目錄

金黃葡萄球菌肌炎　撞到屁股致高燒？原來細菌入血入肉！ ·········· P.82-87

急性陰囊腫痛　蛋蛋告急 ·········· P.90-93

卓飛症候群　癲癇腦病變 「卓飛症」是什麼？ ·········· P.94-99

兒童腦腫瘤　小朋友頭痛要留神 盡早發現腦腫瘤！ ·········· P.100-105

沙門氏菌入血的後遺症　病從口入 腳痛也因菌入血！ ·········· P.106-111

小兒便秘　BB 有便便啦 ·········· P.112-117

急性肺炎　發燒又咳嗽 肺炎是真兇？ ·········· P.120-125

夜遺尿　無覺好瞓的媽媽 ·········· P.126-131

血管迷走神經性暈厥　大腦迷離：血管迷走神經性暈厥 ·········· P.132-137

後記 ·········· P.138-139

診所背景 ·········· P.140-141

診所相片 ·········· P.142-145

鳴謝 ·········· P.146-147

關節紅腫
小朋友都有風濕病？

風濕關節炎別以為只發生在老年人身上，小朋友也可以患上。只有一歲半的晴晴，就是患上幼年特發性關節炎，她身體內發現有風濕因子，是不能「斷尾」的風濕病，需要耐心醫治。如果你的小朋友有相同病症，務必要好好照顧和給予支持。

個案

　　現時的晴晴好動活潑，誰知道她第一次發病看醫生的時候只得一歲半。當時，她持續發燒了兩個星期，皮膚上出現一點一點的紅疹，「很痛，很痛！哇！哇！哇！」晴晴不斷大哭地喊道，可知她全身都疼痛難耐。看着這副痛苦的樣子，令人非常心痛。當時晴晴的手腕、腳腕和關節都已經出現了不尋常的紅腫，在醫生詳細的檢查下，發現每次觸碰到她身體上出現紅腫的位置時，她都會「啊、啊」地嚷着痛，醫生輕輕按摸到紅腫的位置時，還會感覺到該位置是滾燙的。雖然晴晴只有一歲半，不太懂得表達自己，但只要觸碰紅腫

部位就會刺激到她。因為這些持續的疼痛不適，晴晴變得情緒低落、食慾不振，試想想媽媽每刻照顧晴晴的心情，當然是既擔心又非常難過。

當時醫生決定要立即安排晴晴入醫院作進一步的檢查。在醫院裏，最初負責的主診醫生也覺得很奇怪，因為做了不同的檢查和化驗，卻一直找不到晴晴的病因。而且晴晴一直在發燒，以及感覺很不舒服。醫生開始懷疑晴晴患上的是風濕病，於是請我去看晴晴。

鑑於她有發燒這個徵狀，我用排除法，先用血液檢查來排除她受細菌感染，進而排除她患有癌症或白血病的可能性。在檢查中，發現她出現了輕微貧血的跡象，發炎指數、血清補體 C3、C4 值高，而抗核抗體（ANA）呈陽性。按照這個方向去調查，我再安排晴晴深入地多做一些影像檢查，確認她的關節是否發炎。由於晴晴有多個對稱的關節腫痛，包括兩個手腕、雙手肘、雙腳踝、「腳瓜囊」和膝頭等，已有多於五個關節出現問題。所以我可以確認，晴晴患上了幼年特發性關節炎，屬於「多關節型兒童類風濕性關節炎」，是風濕病的其中一種。

幼年特發性關節炎

　　關節炎有很多種，晴晴的「多關節型關節炎」有幾個特徵。首先，患者早上起牀時情況會變得比較差，身體會變得非常僵硬，我們稱呼這個情況為「晨僵」。通常小朋友只要活動一、兩個小時後，就會慢慢好轉。因為晴晴也算是比較活潑的小朋友，即使疼痛仍會下牀走走，身體很快就不再僵硬。另一方面，由於晴晴的風濕因子（RF）測試結果呈陽性，情況較測試呈陰性的患者差，她長大後很可能會繼續患有風濕病。

　　在晴晴確診後，我用了很長時間跟進她的情況。起初，因為她的病情很嚴重，需要服用類固醇、以及止痛消炎的藥物。直至她身體的發炎指數下降後，我才允許她出院。在她出院後，她的貧血問題也慢慢好轉。由於晴晴的情況是很難「斷尾」的，因此可能會持續反覆出現不適的情況。在抵抗力較弱的時候，或者在颱風、暴雨來臨前，她的關節甚至會出現紅腫和疼痛。

　　經過幾年的治療，晴晴的情況開始出現好轉，大部分關節不再發炎了，只有兩個手腕關節仍間歇性地出現紅腫和疼痛。當時晴晴正就讀幼稚園，開始學習寫字，她因為關節腫脹，導致學習進度未如理想。當時我決定用「關節腔內注射」方式，注射長效類固醇到

手腕關節中。治療後，晴晴的手腕運動進步了很多。幸好也得到校方體諒，給她更多時間完成功課和考試，所以她的學業沒有受到影響。另一方面，風濕病是長期病患，小朋友的家人需要諒解他們的情況。幸好晴晴的父母在她的治療過程中很有耐性，一直陪伴在側，兼且照顧到她的情緒。父母對孩子的愛真的十分偉大。

病症

「幼年特發性關節炎」是風濕病的一種，患者病發時大多是十六歲以下，在六星期內持續關節發炎，大多時間病因不明。有家族病歷史的小朋友會有風濕病的傾向，當他們病倒了、受到細菌或病毒感染、甚至生活壓力過大時，都可能誘發幼年特發性關節炎。此病症可根據其臨牀病徵分為七類：全身型關節炎（或稱系統型關節炎）、類風濕因子呈陰性或陽性的多關節型關節炎、少關節型關節炎、擴散型關節炎、與附着點炎症相關的關節炎；銀屑病關節炎及未定類關節炎。此病若沒有及時處理，除了可能令小朋友關節變形、影響視力和體格發展，更可引致心包炎、肺膜炎等，甚至喪失活動能力。目前非類固醇抗發炎藥是一線治療藥物，若未能有效控制發炎所引起的症狀，則可使用甲氨蝶呤或

使用價錢較昂貴的生物製劑以中和體內的發炎因子。使用類固醇治療固然有效，但要限制使用的時間及劑量，以免增加骨質疏鬆、免疫系統受抑制等。除藥物治療外，職業治療師和物理治療師的支援性治療也是不可缺少的。

朱蔚波醫生

兒科專科醫生
香港中文大學兒科學系名譽臨床副教授

香港中文大學內外全科醫學士
香港兒科醫學院院士
香港醫學專科學院院士（兒科）
愛爾蘭皇家內科醫學院院士
愛爾蘭皇家醫學院兒科文憑
香港中文大學內科醫學文憑

小朋友出疹
全因「狼」來了？

> 小朋友發燒出疹是常見的等閒事，但世事難料，小事一樁的背後卻可隱藏着莫大的危機；發燒出疹竟然可與紅斑狼瘡症扯上了關係。一直以為成年人才會患上紅斑狼瘡症，但今次個案的主角熊仔，卻只有五歲……

個案

陳太有一個五歲的兒子——熊仔，他活潑可愛，一向非常健康，很少病痛。一天，他突然發燒了，連續四天也不減退。幸好體溫不算高，只是維持於攝氏 38.5 度左右，沒有咳嗽、流鼻水、嘔吐或腹瀉。陳太本身是個護士，親自照顧，當然易如反掌。可是，奇怪的事情接踵而來，熊仔的手腳出現了紅疹，但不感痕癢。另外，腳掌、腳腕（腳骹）和膝蓋等關節位置也有疼痛的感覺。陳太心裏一沉，心想不妙了，縱然疫情肆虐，都是帶熊仔往醫生處檢查為上策。兒

科醫生仔細為熊仔檢查，發現他有輕微的眼結膜炎，眼白部位有少許紅筋，而熊仔的心肺、耳朵、喉嚨和腹部等都沒有異常症狀。熊仔的腳背、腳腕、小腿和手背的紅疹卻沒有消退跡象；檢查關節的時候，醫生說幸好並沒有嚴重的發炎或者積水，雖然帶有點疼痛，但對熊仔的手腳活動就沒有太大影響。富經驗的兒科醫生，心知道小朋友發燒同時出疹，都要考慮多個發病的可能性，包括猩紅熱、麻疹及川崎症等等。此外，也需要注意到小朋友的免疫系統會否出現了問題。實在不可掉以輕心，於是替熊仔做了幾項詳細的檢查，包括超聲波檢查、血液和尿液檢查等等。陳太眼看着愛兒手腳上的紅疹持續未退，關節仍然有疼痛，走路時一拐一拐的樣子，心裏忐忑忑忑，擔心不已。

最後，覆診時間到了，終於可以聽取檢查報告及化驗結果；醫生細心地解釋，在血液化驗中，熊仔的紅血球沉降率和 C 反應蛋白偏高，即是炎指數較高，判斷熊仔患上了炎症。另外，熊仔尿液中發現有紅血球、白血球、紅血球圓柱體和過量的蛋白（俗稱蛋白尿），顯示熊仔有腎小球發炎。每個腎臟內有過百萬的腎小球，其功能就像篩箕一樣，把身體內的廢物和多餘的水分篩選及排走，現在這功

紅斑狼瘡症

能已受到影響了。聽到這處陳太已經擔心得驚惶失措、心神恍惚，不懂得反應，只好全神貫注的聽下去。醫生再進一步向陳太解釋道，熊仔除了有紅疹、關節炎和腎炎，又驗出有溶血抗體和抗核抗體，在紅斑狼瘡症的 11 項徵狀中，已符合最少 5 項，足已初步斷症。再加上血液檢查裏面，找到最關鍵的抗雙縷 DNA 抗體，已經可以確診熊仔患上的是紅斑狼瘡症。而且，熊仔所患上的是屬於比較活躍和嚴重的一種。不得了⋯⋯到了這處已是陳太的臨界點，她雙眼泛紅，閃出淚光來，醫生再向陳太解釋道：熊仔現時的情況須以藥物治療，盡快遏制病情，這包括免疫調節劑和類固醇等的治療。幸好，今次陳太能及時帶熊仔看醫生，得到適當的治療，令病情受到遏制，不至去到最差的情況，日後可以慢慢減藥，免得對熊仔的身體造成太大的負擔。陳太得悉自己已經做了最重要的一環，就是及時求醫，算是不幸中之大幸了。

家長要緊記，發燒出疹是可大可小的，請不要掉以輕心，如果連續多天發燒，便要盡快找醫生求診了。所以話：「非一般的小兒科，咪睇小細路哥！」

病症

　　紅斑狼瘡症是影響人的自身免疫系統的疾病，免疫系統產生過多抗體攻擊全身的免疫系統。如果抗體攻擊腦部，會導致抽筋；抗體攻擊心臟的話，會出現心臟發炎和心包膜積水；抗體攻擊肺部，會使肺部纖維化。但最大問題是如果紅斑狼瘡症攻擊腎臟，會出現腎炎，若無法及時處理，可能會導致腎衰竭，病人便需要換腎。紅斑狼瘡症一般會出現在 15 歲至 30 歲的人士，大多發生在女性身上，症狀出現在十五歲以下的小朋友是很罕見的。紅斑狼瘡症是一種慢性疾病，需要長期治療，只能在治療過程中盡量控制，並且慢慢減藥，以免對病人身體造成太大負擔。

劉成志醫生

兒科專科醫生
香港中文大學兒科學系名譽臨床副教授
浸會醫院兒科名譽顧問醫生

香港大學內外全科醫學士
香港醫學專科學院院士（兒科）
香港兒科醫學院院士
英國格拉斯哥皇家醫學院內科榮授院士
英國皇家內科醫學院院士
卡迪夫大學實用皮膚科深造文憑

被困的小鳥

個案

　　作為一位小兒外科醫生，通常來向我求診的病人，可能會是被緊抱在媽媽懷中的嬰孩，又或者是正在牙牙學語、步履蹣跚的小寶寶，更大機會的是活潑好動、喜歡在我診所裏東轉西轉、把我診所裏的玩具（及醫學用品）左翻右翻的小好奇，極少有像今天這樣的稀客。

　　今天踏進我診所的，是一位十四歲的大男孩。個子長得比我還高大，濃眉大眼，皮膚黑黝黝的；體格結實，好像運動健將一般。然而，這位陽光男孩的臉上，卻是滿面陰霾；與他同來的爸爸也同樣是滿面愁容。

　　原來令男孩與爸爸這麼憂愁的原因，是因為男孩的「雀雀」一直被困在緊窄的包皮底下（隱藏性陰莖）；由小到大，從來未曾能夠成功翻開包皮清洗乾淨，皮膚痕癢難當。現在到了發育年齡，每晚陰莖更受到荷爾蒙影響，海綿體正常充血漲大，卻被困在過緊過窄的包皮底下，可謂苦不堪言。

聽着男孩絮絮訴說着自己的難處，坐在他旁邊的爸爸眼眶兒也紅了，我又怎忍心怪責他們不早些求醫？可幸的是：男孩並沒有做過割包皮手術！一般普通的割包皮手術，醫生會把過緊過窄的包皮切除。但是對於隱藏性陰莖的患者來說，這樣把包皮切除卻絕對不適宜。因為隱藏性陰莖患者的包皮不只過緊和過窄，更重要的是患者的包皮太少，以致只能覆蓋部分陰莖，大部分陰莖仍埋藏在皮膚底下，這情況在男孩發育時就尤其嚴重。隱藏性陰莖患者需要的是將包皮重組，以僅有的包皮重新排列移位來覆蓋本來被埋藏在皮膚底下的的包皮重組手術。隱藏性陰莖的患者，需要的絕對不是一般普通的割包皮手術。切除患者僅有的包皮，並不會改善陰莖埋藏的情況，卻會令重組手術變得更為困難和複雜，減低手術的成功機會。

聽過我的解釋後，男孩與爸爸都十分慶幸沒有做了錯的手術，並同意盡快安排適合男孩的包皮重組手術。手術過程十分順利，但也差不多要兩小時才能完成。一般來說，年紀較小及未發育的小男孩術後康復會比較輕鬆。雖然要留院護理傷口，但其餘大部分時間都可以自由活動，也不算是太辛苦。可是我們這位大男孩卻辛苦多了，每當陰莖受到荷爾蒙影響，海綿體正常充血漲大時便會拉扯到傷口，相比接受同樣手術的一般小兒，可謂痛苦多了，但是男孩也默默的忍受了下來。

　　我記得男孩最後覆診那一天的天氣很好，陽光灑在窗外的葉子上，也灑在坐在我診所裏爸爸和孩子的臉上，與他們臉上燦爛的笑容互相輝映着，甚是耀眼。我耳中聽着男孩與爸爸的笑聲與對話，他們正商量着要到海灘暢泳慶祝手術成功呢！空氣裏瀰漫着的，是他們雀躍又興奮的心情。我腦海中出現的景象，卻是一隻自由的小鳥，在晴空下翱翔呢！

張承德醫生
小兒外科專科醫生

香港大學內外全科醫學士
香港醫學專科學院院士（外科）
香港外科學院院士
愛丁堡皇家外科學院小兒外科院士

抖腳咳嗽眨眼
肌肉抽動無意識！

看到小朋友「踎腳」，父母都會馬上作出教導、甚至怪責他們無禮貌，但如果他「踎腳」的行為是無意識地發生，那麼小朋友就有可能患上了小兒抽動症。除了「踎腳」，也或許是其他的小動作，例如好像清喉嚨的咳嗽、眨眼或抽動肩膊等等，都有可能是抽動症，此類病徵會持續改變，家長若有發現應帶小朋友去看醫生，參考專業的意見，無需動輒責罵他們呢。

個案

只是五歲的小男孩——維維，我會說他是一個很緊張、過敏型的小朋友，跟他的媽媽一樣，是個緊張大師，也可見他倆的母子感情相當親密呢。有一段時間，維維經常咳嗽，他常常說自己的喉嚨不太舒服，所以會「乾咳」，媽媽便帶他去看家庭醫生。可是，於四個星期內已看了醫生數遍，維維仍然持續咳嗽，任何針對咳嗽的

治療方法都解決不了他的問題。

　　最奇怪的是，當維維在睡覺的狀態時，就不會出現咳嗽的跡象。如果只是喉嚨不適，睡覺時應該也會出現咳嗽的。此外，維維亦沒有其他症狀如流鼻水等。媽媽說：「維維做運動時不會出現咳嗽的，放假期間也不會有咳嗽出現，反而在上課時和考試期間，咳嗽就越發嚴重。醫生，醫生，他的咳嗽情況時好時壞，該怎辦呢？」謎底漸漸浮現了，我從媽媽這些細心的觀察中得出，維維應該是患上「小兒抽動症」，導致他的口腔及咽喉肌肉不斷抽動。

　　小兒抽動症的患者，他們的肌肉抽動行為會在無意識或半意識下出現，而且是不隨意地發生的，患者不知道自己為什麼做這些動作，只知道做了後感覺上會舒服一點。動作包括「踮腳」、咳嗽、眨眼、抽動肩膊、舔嘴唇、擺動手指、「嗡鼻」等等。有部分人可能以為這些只是小動作或是壞習慣，但如果動作出現得太頻繁，而影響日常生活，那就不太健康了。特別的是，患者只會在白天清醒的時候做這些重覆性的動作，晚上睡覺後就不會出現。

值得留意的是，年紀稍微大一點的小朋友，如果他們患上小兒抽動症，便可以清楚告訴醫生，其實自己是可以短暫控制一下這些小動作，不過又下意識覺得必須要做，才會感覺舒暢些，如患有強迫症一樣，這也是小兒抽動症的特點之一。然而小朋友有咳嗽、「嗡鼻」等這類行為，有些家長很容易誤以為小朋友是有氣管敏感或鼻敏感，最後總就是花費不少時間來醫治這些跟小朋友無關的敏感病症了。

抽動症的成因主要是心理因素，例如小朋友突然要面對環境上的轉變，可能是要搬家或開學；又或者是面對考試壓力，而不懂得放鬆自己；也可能是人際關係中受到挫折，這些原因都有機會引發小朋友的肌肉抽動。值得一提的是，在新冠疫情肆虐期間，我們看到特別多小兒抽動症的病例，在視像課堂當中也會為一些小朋友帶來不少壓力。他們要長時間看着屏幕而經常眨眼，慢慢習慣了眼部肌肉抽動，持續不斷地眨眼了。

　　醫生面對小兒抽動症的患者，會教導家長輕鬆看待子女患有抽動症的事實，避免過分關注這些小動作而造成強化作用，亦會要求家長減少負面說話，少責罵，多鼓勵，盡量分散小朋友對這些抽動的注意力。更可用反向行為治療，教導小朋友控制自己。例如，小朋友當想要咳嗽時，我會教導他張開口呼吸，使自己感到舒暢；如果小朋友想要眨眼，就讓小朋友閉上眼放鬆自己，休息一下。這些方法都可以讓他們不同的肌肉重新活躍起來，抗衡本身肌肉抽動的無意識動作。當然我們也應從源頭出發，尋找小朋友的壓力根源，和他們一起面對問題。對於比較嚴重的小朋友也可以服用一些精神科藥物，以便盡快替他們解決問題。

嚴德文醫生
兒科腦神經科專科醫生
浸會醫院兒科名譽顧問醫生

香港大學內外全科醫學士
香港醫學專科學院院士（兒科）
香港兒科醫學院院士
英國皇家內科醫學院院士
英國皇家兒科醫學院院員
卡迪夫大學實用皮膚科深造文憑

預防輪狀病毒
你真係識?

輪狀病毒疫苗暫時未納入香港兒童常規**接**種計劃 [1]

▶ **保護** BB 6 週就可以開始預防輪狀病毒 [2]

▶ 3 個月至 2 歲為感染輪狀病毒的高峰期 [3]

▶ 可引致 BB 發燒、嘔吐甚至脫水或休克 [3,4]

詳情請向醫生查詢

 MSD **美國默沙東藥廠有限公司**
香港銅鑼灣恩平道 28 號利園二期 27 樓　電話 : (852) 3971 2800　傳真 : (852) 2834 0756　網址 : www.msd.com.hk

五寶龍

參考資料：1. Family Health Service. Department of Health. Hong Kong. Schedule of Hong Kong Childhood Immunisation Program. Available at: https://www.fhs.gov.hk/english/main_ser/child_health/child_health_recommend.html [Access on 24 May 2021] 2. WHO. Rotavirus vaccine information sheet. Retrieved Jun 2, 2021, from https://www.who.int/vaccine_safety/initiative/tools/Rotavirus_vaccine_rates_information_sheet_0618.pdf 3. Muendo C, et al. BMC Pediatr. 2018;18(1):323. 4. US Centers for Disease Control and Prevention. Rotavirus. Symptoms. Available at: https://www.cdc.gov/rotavirus/about/symptoms.html [Access on 24 May 2021]

HK-ROT-00107 Oct/ 2021

小朋友頻頻去廁所
不是貪玩 而是尿崩？！

小朋友經常去廁所，一小時內去三、四次，家長或會覺得小朋友貪玩而已。如果上課時這樣做，有些家長甚至可能責備小朋友不專心學習，可想到小朋友有機會是患上了尿崩症！小朋友不斷去廁所，不受控地排出水分，可以導致脫水等情況，嚴重的更可能會有生命危險。

個案

尿崩症並不常見，對上一個案例已經發生在十年前了。近年就給我遇到一個個案，患病的楠楠是位只有 4 歲的小女孩，聰明乖巧的她已經不需要用尿片，日間上學時已懂得自行如廁，晚上也不會尿牀。但從某天開始，楠楠經常喝水，小小年紀的她每天喝下的水量高達 2 至 3 公升，喝完水自然會上廁所，上廁所的頻率也十分高。

接下來的日子，楠楠無論在家或在學校，要求上廁所的次數變

得越來越頻密，每小時要求上廁所不下數次，老師甚至誤認為她是貪玩，所以禁止她上廁所，以示懲戒。同一時間，楠楠晚上也重新開始尿牀，媽媽百思不得其解。對於醫生來說，這無疑是一個警號，因為一旦小朋友停止尿牀半年至一年，又突然再尿牀，是非常不妥的現象，所以我跟楠楠的媽媽分析後，安排楠楠入院作尿液及抽血檢查。

完成檢查及化驗後，我發現楠楠的尿液濃度和滲透率很低，換言之楠楠的情況是不受控制地流失過多水分。在抽血檢查中，我也發現楠楠體內的鈉含量很高，體重也下降了10％左右，反映楠楠的身體已經乾透了，甚至出現嚴重脫水的情況。於是我邀請內分泌科的醫生一起為楠楠診治，最後確診楠楠患上尿崩症。

在入院之前，楠楠父母曾懷疑她有腎病，或者患上糖尿病，才會經常口渴，又過分排尿，我也曾考慮楠楠有腦腫瘤的可能性，所以診症時做了一系列其他檢查。但其實小朋友的尿崩症可以說是原發性的，沒有原因，與其他病症也無太大關係。

病症

　　知道小朋友是不是患有尿崩症，可以多留意小朋友上廁所排出的尿液會否太多。以一個 10 公斤的小朋友為例，如果他每個小時排出超過 500mL 的尿液，就已經算是過多，需要特別注意了。小朋友突然尿牀也是重要的病徵之一，這一點與另一個病症夜遺尿不同，患有尿崩症的小朋友多數是已經不用尿片一段時間，卻又突然再出現尿牀和經常去廁所。

　　尿崩症可以在任何年紀發生，常見的有兩種：第一種是中樞性尿崩症──是指病人腦下垂體分泌的抗利尿激素不足（ADH）；而第二種是腎源性尿崩症──代表腎臟無法正當接收抗利尿激素，而排出過多的水分。兩者以中樞性尿崩症比較常見，原因也較為顯著，例如小朋友的頭曾經撞傷、中風、腦缺血等。而腎源性尿崩症發生多數是沒有原因的。

治療方法

　　在治療方面，醫生給患有尿崩症的小朋友處方抗利尿激素藥物。這藥物在醫學界內已使用多年，也會用以醫治患有夜遺尿疾病的小朋友。在尿崩症中，藥物主要是讓小朋友的腎臟吸收更多水分，而非排出體外，人這樣就不會因流失水分而脫水。

　　雖然尿崩症的治療方法並不複雜，但若未能及時發現，也有一定的危險性。如果家長不知就裏，為了減低小朋友上廁所的次數而阻止小朋友喝水，令小朋友未能吸收足夠水分的話，脫水可能會來得更快，小朋友或會有生命危險。

梁卓華醫生

兒科專科醫生
浸會醫院兒科名譽顧問醫生

香港中文大學內外全科醫學士
香港兒科醫學院院士
香港醫學專科學院院士（兒科）
英國皇家內科醫學院院士
英國皇家兒科醫學院院員
倫敦大學臨床皮膚學深造文憑

毛髮可修飾的一隻手

小小的嬰兒，只能靠哭喊聲來表達自己。身經百戰的父母會檢查一下尿片是否需要更換、或者是寶寶肚餓了要餵奶。但是，寶寶持續哭喊數小時，用盡了方法都停不下來，元兇竟然是一條頭髮？若非及時發現，甚至可能嚴重得需要截肢！

個案

半歲大的文文是一個「天使寶寶」，性格十分開朗，平常甚少哭鬧。某天，文文無緣無故一直哭喊，媽媽替文文換了尿片、又嘗試過餵奶，文文仍非常焦躁，抱着也好、躺在牀上也罷，已經兩小時仍然未停止哭鬧。文文的父母束手無策，決定帶文文到急症室看醫生檢查一下。

醫生先為文文作簡單檢查，排除了一般寶寶哭鬧的原因，檢查後亦沒有發現身體不適的症狀，為安全計，便安排文文留院觀察。

　　當文文身體不適時，情緒會變得暴躁。由於不懂得表達自己，只有不斷哭喊或大叫。醫生唯有循着不同的可能性去檢查，例如是否因為出現肚風導致腸絞痛、或是患上尿道炎或中耳炎等炎症。除了抽血及化驗之外，反覆和詳細的身體檢查往往會有意外收穫。

　　醫生觸診檢查時發現文文的大拇趾紅腫，像是有一條線勒住了，看起來一節一節的像蓮藕一樣。謎底終於解開了，導致文文哭鬧不止的正是「頭髮止血帶綜合症」，一般是毛髮混合衣物纖維纏在寶寶身體部分並打了結，所以無法自行脫落。「止血帶」顧名思義，本來是用作止血的。被毛髮纏着的身體部位，就像戴上了止血帶，導致該部分組織缺血壞死、末端部位變黑，嚴重情況下甚至需要截肢。而寶寶幼細的手腳末端，或是生殖器官等等外露的身體部位，正是出現「頭髮止血帶綜合症」的常見部位。

　　醫生發現了問題所在，便安排外科醫生協助。幸好文文的大拇趾被捆的時間不算長，醫生只需用手術鉗小心**翼翼**地挑起捆着的頭髮，然後將其剪斷便可。如果捆綁時間太長，毛髮可能會陷入皮膚之中，這樣便需要進行小手術：用手術刀切開該部位側面位置的皮膚，同時避免觸及附近的筋腱、神經或血管等等，才能切斷該部位的毛髮。

病症

　　頭髮止血帶綜合症較多發生於四至六個月的寶寶身上。會出現這樣的情況，其中一個主要原因是媽媽分娩後，受荷爾蒙影響，較為容易掉髮；有些寶寶亦開始有拉扯頭髮的小動作。另外，秋冬季節穿着的保暖衣物，纖維較多會外露、容易掉落，也有機會綁着寶寶的身體部位。此症實在難以預防，媽媽可以將頭髮剪短、或是在照顧嬰兒時束起頭髮。寶寶如有需要穿戴手套或襪子保暖時，亦需要定時作檢查。除了早作準備預防問題出現，最重要的是家長要有意識，一旦發現寶寶無緣無故之下長時間哭鬧，不妨多行一步，檢查寶寶的手指腳趾、以及生殖器官等末端位置，倘若真有個萬一，亦能及早發現問題所在，盡快處理。

温靖宇醫生

兒科專科醫生
香港中文大學兒科學系名譽臨床助理教授
浸會醫院兒科名譽顧問醫生

香港大學內外全科醫學士
香港醫學專科學院院士（兒科）
香港兒科醫學院院士

醫生，
一定要用類固醇嗎？

不少家長聽到「類固醇」三個字就聞風喪膽，十分抗拒讓患有小兒濕疹的子女使用。其實只要適當地使用類固醇，是可以很有效地控制濕疹病情的。我自己作為病人、病人的家長和兒科醫生，藉此為大家揭開類固醇的真面目，分析一下用藥的利弊。

個案

小兒濕疹是很常見的問題，但如果處理不當，後果就不能小覷了。曾經有位女孩家家，我在醫院見到她的時候，她個子非常細小柔弱，感覺只有八、九歲，但實際上她已經十三歲了。她全身的皮膚發紅，「甩皮」的情況非常嚴重。家家的小兒濕疹實在太頑強了，媽媽不但帶她看了西醫，同時又求助於中醫，試盡偏方，又廣泛地戒口，可惜媽媽對類固醇有忌諱而沒有依照西醫的指示去使用含類固醇的藥膏。看着她的病牀滿佈皮屑和血跡，房間充斥着細菌感染

的氣味，實在令人心痛！當時家家已經受到金黃葡萄球菌的感染，必須接受抗生素注射來對抗炎症。

感染受控後，我與皮膚科醫生再三跟她的媽媽解釋，決定處方類固醇之餘，也加入免疫抑制劑，要定期替她驗血，確保她的肝功能、血糖等的指數沒有受到藥物影響，在整整長達一個月的療程後，家家終於可以康復出院回家了，實在令我欣慰不已。

近年我又遇到另一個案例，患者舜仔只有三歲，他的媽媽也同樣是濕疹患者，她一直崇尚自然療法，不贊同替小朋友塗抹任何人造物料，連潤膚膏都極少用。舜仔來看我的時候已經在發燒，面上長滿了水泡，嚴重的濕疹令面部以至全身的皮膚狀態都糟糕透了。我為舜仔檢查時，他痕癢難耐，不斷抓着皮膚，媽媽間中也不自覺地抓癢。原來舜仔的濕疹皮膚已是第二次受到皰疹感染，我需要即時轉介他入院作進一步的治理。我處方了抗病毒藥物給他，也利用濕敷療法去保濕和阻止他抓癢。儘管濕疹令舜仔常常缺課，媽媽對使用類固醇仍然是非常抗拒，祈求小朋友長大後，濕疹會自然地痊

癒。我都只好寄望如此。

很多時候，濕疹是從家族遺傳基因得來的，加上環境因素影響，例如香港時而潮濕、時而乾燥的天氣，或是身處在充斥致敏原的環境，都會誘發濕疹問題。家長們要理解，濕疹其實是難以根治的，反而應該着眼在控制方面。家長在照顧患有小兒濕疹的孩子時，不妨多使用保濕的護膚品，以保護皮膚天然的屏障。當孩子濕疹發作的時候，就使用適當的藥物止癢和修復皮膚。

我自小也患有濕疹，至今仍間中會使用含類固醇藥膏治療，病情已比小時候改善很多。其實運用得宜，類固醇對於濕疹、鼻敏感、哮喘和多個與免疫系統有關的毛病，一般幾日就開始見效，可謂是「神藥」！有些家長擔心小朋友使用類固醇藥膏後，皮膚會變薄，因而抗拒使用。其實患有濕疹的小朋友，時間久了皮膚會變得過厚過硬，而且有很多皺摺，類固醇藥膏的副作用就剛好對付這個問題了。只要聽從醫生指示用藥，選用強度適中的類固醇藥膏，塗抹的分量不是太多，家長就不用太擔心副作用。也有家長認為一開始用

類固醇就會形成依賴，一停藥就濕疹復發，其原因大部分都是因為太心急停藥，令濕疹死灰復燃。那麼，醫生，不塗類固醇可以嗎？可以！如今新一代不含類固醇的外敷和內用藥物都已經有很多選擇，不妨諮詢你們的兒科醫生。生活上再配合不太熱的暖水和溫和的沐浴露洗澡，並常用專責修補濕疹皮膚的潤膚膏保濕，避免過度曬太陽、穿棉質衣服、出汗就盡快抹乾、避免抓癢等，都可以減輕病情。如有對食物或環境致敏原有懷疑，可與醫生商量是否適合做致敏原測試，針對性地避免致敏的源頭。

不少孩子於兩至三個月大時開始出現濕疹，嚴重或持續起來多少會影響他們的外觀和情緒，甚至因而感到自卑，為患者和家人帶來困擾。家長永遠是孩子的強大後盾，我們不但要有耐性去對付濕疹，更要用愛心去支持患病的小朋友，我與你一同並肩作戰！

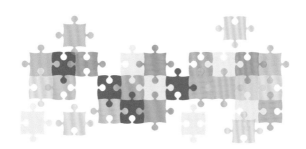

羅婉琪醫生

兒科專科醫生
香港中文大學兒科學系名譽臨床助理教授
浸會醫院兒科名譽顧問醫生

香港大學內外全科醫學士
英國皇家兒科醫學院兒科文憑（國際）
香港兒科醫學院兒科文憑（香港）
英國皇家兒科醫學院院員
香港醫學專科學院院士（兒科）
香港兒科醫學院院士

無心睡眠

> 　　提到睡眠窒息症，很多人都會聯想起肥胖人士或者年長的人。殊不知，原來小朋友也有機會患上此病，影響睡眠質素，令到小朋友翌日上課時專注力不足。長此以往更會阻礙小朋友的身心發展。

個案

　　剛入讀小學一年級的梓杰今年六歲，跟身形圓渾的爸爸相比，他更像漂亮的媽媽。梓杰和九歲的姐姐一樣身材偏瘦，是一個精靈活潑的男孩子。他的爸爸晚上睡覺時總會打鼻鼾，媽媽對此早已習以為常。一個晚上，媽媽如常檢查孩子們的睡眠情況，卻留意到梓杰睡得不好，總是輾轉反側，不但會打鼻鼾，而且聲音甚大。梓杰間中會突然發出很大的呼吸聲和抽搐，滿頭大汗，好像很辛苦。

　　媽媽擔心梓杰的情況，但是梓杰爸爸認為小朋友打鼻鼾是正常

的,不用過分憂慮。慢慢地,梓杰養成了俯睡的習慣,因為他覺得這樣睡覺會舒服一點。媽媽看到梓杰打鼻鼾的情況也沒有變差,所以也漸漸習慣了。

直至考試後的家長日,梓杰的老師說他上課時專注力不足、沒有精神,學業成績也有些退步。於是媽媽帶下課後的梓杰來做檢查以及進行發展評估。一般來說,六七歲的孩子是精力十足的,但梓杰卻是沒精打采的樣子。評估後,梓杰在視聽和智能發展方面也能達到六歲小朋友的標準,並不是發展問題。細問之下,梓杰媽媽提及他晚上睡覺時會打鼻鼾,而且伴隨特別的呼吸聲和節奏。綜合梓杰的情況,他很可能是患上睡眠窒息症而受影響。要診斷小朋友是否患上睡眠窒息症,需要進行睡眠測試。過程中,需要在小朋友的頭部、口部、胸肺等位置連上監測數據用的儀器,然後睡一個晚上。過程中會錄影小朋友的睡眠情況。在患者的圖表上,會看見他們身體內的含氧量由正常的 99 度跌至 70 至 80 度,之後才會回升至正常水平。

一般而言，如果小朋友睡覺時每小時都會因窒息醒來一次，已是不尋常的情況了。有些家長或會以為，小朋友打鼻鼾而窒息醒來只是小問題。但是睡眠對於小朋友的智能發展而言是很重要的，持續而穩定的睡眠，可以維持腦部神經之間的重組和神經元細胞的間接觸。小朋友的睡眠質素差，長遠而言專注力可能會因而減低，連鎖反應下日間便難以專注上課學習。

病症

我們在清醒和睡覺時，肌肉張力和血壓等狀態有所不同。當患有睡眠窒息症的小朋友進入深層睡眠階段時，肌肉會處於放鬆狀態，咽喉和舌頭的肌肉亦會放鬆。在仰睡狀態下，放鬆的舌頭的肌肉組織會向下跌並阻塞呼吸道，令空氣不能進入呼吸道。而空氣在很細小的空間通過時，產生的振動也會形成鼻鼾聲。當吸入的空氣越少，鼻鼾的聲音也越小，小朋友便會出現窒息的情況，從深度睡眠的階段突然醒來，調整自己的呼吸。當小朋友重新入睡，又會因為窒息而回到淺度睡眠狀態。這一個循環又會再

開始。如果情況嚴重，我們會建議小朋友進行扁桃腺及腺樣體切除手術，就能夠治癒睡眠窒息症，切除手術亦不會對小朋友造成不良影響。

長遠而言，睡眠窒息症會影響小朋友的血壓、專注力甚至精神狀態，是一個對小朋友發展尤其影響深遠的疾病。家長日常照顧小朋友時，亦要多加留意有異樣的地方。如有懷疑，便早日帶小朋友見醫生做檢查，把握治療的黃金期，免得發展比同齡小朋友落後時後悔莫及。而部分臉型的小朋友會較為容易患上睡眠窒息症，例如舌頭較大、下巴較小或者扁桃腺較大，家長亦可以多加留意。

劉家輝醫生

兒科專科醫生
浸會醫院兒科名譽顧問醫生

香港中文大學內外全科醫學士
英國皇家內科醫學院院士
愛爾蘭皇家醫學院兒科文憑
英國格拉斯哥皇家醫學院兒科文憑
香港中文大學內科醫學士文憑
香港兒科醫學院院士
香港醫學專科學院院士（兒科）

感染肺炎球菌足以致命

世界衛生組織(WHO)估計，每年全球約有**100萬名5歲**
以下兒童因感染肺炎球菌疾病而死亡[1]

抵抗奪命肺炎 及早接種

及早保護

13價肺炎球菌結合疫苗，滿6星期即可接種[2]

新生嬰兒月齡 　2　▶　4　▶　6　▶　12-15

 第1針　 第2針　 第3針　 第4針(加強劑)

內容僅供參考，唯有你的醫生方能為你作出準確的診斷，提供合適的治療。13價肺炎球菌結合疫苗乃醫生處方藥物。藥物的成效和副作用
可能因使用者的身體狀況及個別症狀而有所不同，詳情請向醫生或藥劑師查詢。

參考資料：1.World Health Organization. Pneumococcal Conjugate vaccine for childhood immunization- WHO position paper. Wkly Epidemiol Rec. 2007;82:93-104. 2. Pneumococcal Polysaccharide conjugate vaccine, 13-valent adsorbed Prescription information. Pfizer Corporation Hong Kong Limited. (Version January 2021).

美國輝瑞科研製藥
地址：香港鰂魚涌英皇道683號嘉里中心18樓
電話：(852) 2811 9711　傳真：(852) 2579 0599

Staquis™
(crisaborole) ointment 2% w/w

美國輝瑞科研新突破

濕疹 有救無「類」
新一代 無類固醇藥膏

△ 美國FDA認可[1*]

△ 無類固醇配方，可安心長期使用[2]

△ 獨特滲透技術，快速滲透至肌底[3]

△ 適用於眼皮等脆弱部位[4]

兩歲或以上小童
和成人都適用[5]

—— 認住呢個三角形
向醫生查詢

STEROID-FREE 不含類固醇
60g
• FOR ADULTS & KIDS (2 YEARS OF AGE AND OLDER)
• FOR EXTERNAL USE ONLY 只供外用

Staquis™
(crisaborole) ointment 2% w/w

如欲了解更多關於STAQUIS™的資料
請掃描QR code或瀏覽www.staquis.com.hk

一粒花生就氣喘？
食物敏感要小心！

一家人開開心心吃過飯，孩子突然開始咳嗽、嘔吐、氣喘、出疹……罪魁禍首竟然是幾粒花生碎！食物敏感情況可大可小，家長理應在孩子開始吃固體食物時讓他嘗試不同食物，可減低孩子出現食物敏感的機會。

個案

男孩濤濤今年兩歲。在過去一年，新冠肺炎在香港肆虐，父母為免他受病毒感染，盡量避免帶他外出吃飯。直到在疫情緩和後，父母帶他外出到餐廳吃飯。怎料濤濤吃了葡汁雞飯十五分鐘後便開始出現咳嗽、嘔吐和氣喘的症狀，皮膚上也出現一塊一塊痕癢的紅疹。

當時父母立刻送濤濤到急症室，醫生初步判斷為嚴重敏感反應，

於是為他注射腎上腺素。很快濤濤的紅疹就開始減退，咳嗽也停止了，但仍要留院觀察一晚。醫生當時為濤濤抽血，進行致敏原檢查，找出致敏原是花生蛋白。原來濤濤對花生有嚴重的敏感反應，醫生建議日後父母和濤濤外出時，隨身攜帶便攜式的腎上腺素注射器。萬一出現嚴重敏感反應，也可即時處理。

在香港只有少於1%的人對花生敏感。花生敏感的特別之處，是敏感反應會來得特別快和強烈。舉一個例子，有些孩子對乳製品敏感，反應通常都是肚瀉，而不會即時有嘔吐、氣喘等徵狀。醫學界暫時未能百分百肯定花生敏感的成因，但有些人特別容易對花生敏感，例如患有濕疹、哮喘的人。如果我們的免疫系統曾接觸過該食物蛋白質，並認定該蛋白質為異物，之後再次接觸時，免疫系統就會作出一連串針對「異物」的敏感反應。

以前，醫學界認為家長應該待孩子長大一點才讓他們開始吃容易致敏的食物。但現時醫學界已經推翻這個說法，認為可以提早讓

沒有嚴重敏感風險的孩子試吃各種食物，特別是包含致敏原的食物，這樣反而能減低孩子對食物敏感的機會。如果孩子沒有嚴重濕疹，家長可以考慮在孩子四個月大「加固」的時候，讓他嘗試吃花生醬，這樣做能夠讓孩子的免疫系統提早學會容忍花生蛋白，而減低孩子對花生敏感的機會。

家長也可以為孩子做食物測試，在孩子開始吃固體食物的階段中，嘗試連續數天讓孩子吃同一種新的食物，再觀察孩子的身體會否出現敏感反應。要謹記，在該幾天不要再添加其他孩子未接觸過的食物，萬一孩子出現敏感反應時也能找出致敏的食物。

其實讓孩子以正常進食的途徑去接觸食物蛋白，也能夠減低他的免疫系統視食物蛋白為異物和敏感的機會。曾經有接觸過幾個案例，情況相類似：父母在孩子撞傷出現瘀青後，用暖脫殼熱雞蛋在皮膚瘀青的位置熱敷。這樣的確有助加速局部血液循環，舒緩瘀青。但如果孩子在這種情況下第一次接觸雞蛋，孩子日後進食雞蛋時，

便較容易出現敏感反應。

　　坊間也有提供致敏原測試，可以檢查數百種致敏原，家長可以帶孩子進行測試。但我認為若非是有嚴重濕疹的孩子，其實不需急於進行致敏原測試。而患有嚴重濕疹的孩子若能找出致敏食物，在飲食上避免，便有可能可以改善孩子濕疹病情。至於沒有特別風險因素的孩子，其實是不需要刻意去做致敏原測試的。家長只需要盡早讓孩子嘗試不同的食物，之後就無需過分擔心了。

陳栢康醫生

兒科專科醫生
浸會醫院兒科名譽顧問醫生

香港中文大學內外全科醫學士
英國皇家兒科醫學院院員
香港兒科醫學院院士
香港醫學專科學院院士（兒科）
卡迪夫大學實用皮膚科深造文憑

不能控制的高燒
川崎出奇症

> 小朋友連續發燒五天，而任何藥物都遏止不到發燒反應，那小朋友可能患上了罕見或特殊的疾病，以下的故事為一真實個案改編，可給家長顯示一點端倪。

個案

三歲的聰聰因發高燒入院。媽媽說起聰聰病情時顯得非常擔心，病發的第一天，聰聰先是發燒，最初以為是一般感冒，看醫生後吃了退燒藥，高燒卻未有減退，第二天頸部更開始疼痛，引致頭部側向一邊，不能隨意轉動，人亦變得煩躁。媽媽只好再帶聰聰看過醫生，最後診斷為淋巴結細菌感染，醫生遂給他處方抗生素和其他藥物，可是藥物一直沒法遏止聰聰的高燒，病情甚至越來越嚴重。媽媽在聰聰病發的第三天，決定送他入急症室。當兒科醫生替聰聰檢查時，發現他右頸淋巴仍然發炎，紅腫劇痛，血液化驗顯示血沉降率、發炎指數及白血球數值相當高，臨牀情況與細菌感染吻合，遂

繼續給他注射抗生素，及安排頸部電腦掃描檢查，以確定有否積聚淋巴膿瘡，結果發現他兩邊頸部淋巴都全部漲大發炎，但沒有膿瘡。於發病的第五天，聰聰的病情仍未見好轉，血液的血沉降率和發炎指數不降反升。究竟聰聰患了什麼病？為何淋巴感染完全不受抗生素控制？這麼下去他的生命會受到威脅嗎？情況真令人擔憂！

　　當醫生正為聰聰的治療苦惱時，情況有了轉機，此時醫生發覺他出現了其他症狀，他的眼睛及嘴唇發紅，加上他的肝酵素偏高，醫生開始明白他真正的病因，他極有可能患上川崎病。兒童心臟科醫生隨即為他安排心臟超聲波檢查，發現他心臟的冠狀動脈亦有脹大，綜合上述徵狀和驗血結果，便確診聰聰患上川崎病，接着為他處方丙種球蛋白靜脈滴注，及中劑量口服阿士匹靈。翌日，聰聰已開始退燒，淋巴疼痛也減退，再過幾天，聰聰的其他病徵逐漸消失，血液各項指數亦開始回復正常，再沒有發燒，聰聰終於可開心出院回家，但他仍需服用至少八星期的低劑量阿士匹靈。出院兩個星期後，醫生為聰聰覆診，心臟超聲波顯示他心臟的冠狀動脈仍然偏大，但不是太嚴重，幸好之後八星期的心臟超聲波檢查，顯示他的冠狀動脈已回復正常，聰聰便可安心停藥，不過此後還需定期回兒童心臟科覆診。

病症

川崎症是一急性及自限性的發熱疾病，會導致全身血管發炎，如果患者未能及時接受治療，大約有百分之二十五的小朋友，會因而患上心臟冠狀動脈瘤，冠脈血栓，甚至可能引致死亡。此病又稱為「黏膜皮膚淋巴腺綜合症」，已故的日本川崎富作醫生，首先發現此病，因而以他命名，川崎醫生在五、六十年代醫治了五十個病徵類似的小朋友，並歸納了他們的病徵，認為這是一種特殊疾病，於一九六五年在日本發表日文文獻。直到七十年代，川崎症才在英文文獻出現而漸漸廣為世界所知。川崎症並不是想像中的那麼罕見，發病率於不同種族亦有差別，亞洲人，尤以日本人，比歐美人士發病率為高，在日本每十萬名五歲以下的兒童，每年大約有二百五十個病例，而香港大約為一百五十，美國大約為二十五，可是其發病成因至今未明。

川崎症通常影響五歲以下的兒童，一歲以下男孩的病情可能更嚴重，其症狀包括持續高燒和煩躁（多為五天或以上），眼睛

結膜發炎而泛紅，嘴唇和口腔發紅，舌頭呈草莓狀，皮膚出疹，頸部淋巴結腫脹，手掌和足底泛紅，手指和腳趾脫皮。川崎病沒有單一的診斷測試，患者需要出現包括發燒在內的五個症狀才能確診，可是川崎病的症狀並非一定同時出現，尤以手指和腳趾脫皮，會延至第十至十四天才發生，某些病人更可能患不完整（非典型）川崎病，病徵並不明顯或不完全，只有一、二、或三種病徵，此類情況更難診斷。以聰聰的個案為例，最初他只有高燒和淋巴結腫大，他根本沒有其他症狀，致使醫生難以準確斷症，治療極為棘手，幸好醫生有很高的警覺性，才能及時治癒他。不過家長也不必太擔心，川崎病是可以治好的，大部分病童在發病十天內接受丙種球蛋白及阿士匹靈治療，便可控制病情，慢慢康復，故此家長照顧持續發高燒的小朋友時，需要提高警覺，留意有沒有川崎病的症狀，協助醫生盡快對症下藥，讓孩子早日康復。

李淑嫻醫生

兒科專科醫生
香港大學兒童及青少年科學系名譽副教授

香港大學內外全科醫學士
香港兒科醫學院院士
香港醫學專科學院院士（兒科）
英國皇家兒科醫學院榮授院士
英國皇家內科醫學院院士
英國愛丁堡皇家內科醫學院榮授院士
香港社會醫學學院院士
澳洲皇家醫務行政學院院士

包皮炎外陰炎
常見病別害羞！

> 尿道炎、包皮炎和外陰炎，都是於下體出現的疾病，所以家長很容易混淆。由於尿道炎牽涉小朋友的腎功能發展，如果醫生被家長的說法誤導或誤會了，把包皮炎及外陰炎當作尿道炎醫治，這不單對小朋友無益甚至有害呢。家長應了解並留意兩種疾病的分別，教導小朋友清潔下體，保持個人衛生。

個案

不少家長帶着小朋友來看醫生時，他們觀察到小朋友總是上廁所，說自己的「下面」不舒服，不期然地認定小朋友患上尿道炎。其實這種疼痛的感覺不一定是來自尿道炎，可以是下體發炎，男孩子可以是包皮炎，女孩子可以是外陰炎。

如果要分辨小朋友是不是尿道炎，可以留意三點。第一，小朋

友有沒有發燒？第二，小朋友的小便是否有異味？第三，小朋友的尿液會不會很混濁？如果小朋友的尿有臭鴨蛋的味道，而且有煙燻、混濁的顏色，發燒、排尿時感到疼痛，或者頻密地上廁所，醫生就要替患者進行尿液化驗，了解白血球和發炎指數，看是不是尿道炎。如果小朋友下體出現不適，而沒有出現以上三點，小朋友較大機會是患上包皮炎或外陰炎了。

　　男孩子出生的時候，會有包皮包裹陰莖，包皮有一個洞，像針口一樣細，一串串的尿液就由此小口排出。隨年紀漸長，男孩子的陰莖會越來越長，包皮會變得鬆弛，可以翻出來清洗裏面的污垢。我曾治療一個患上了包皮炎的小男孩樂行，他跟很多男孩子一樣，會任由尿液滲滴在包皮裏面，沒有擦乾淨；加上汗水留在包皮內，又常穿緊身的內褲，污垢累積下來，包皮就會紅腫和疼痛。樂行常常因感痕癢而抓弄下體，排尿時也感到疼痛，而且經常上廁所。原來是他的包皮受刺激，感到痕癢就會想上廁所了。其實樂行每次上廁所時都只會排出一、兩滴尿液，因為他的膀胱內沒有足夠的尿液，並不是真的想排尿。

男孩子的下體紅腫，很大機會是包皮炎，有時候細心的母親也能觀察得到。而女孩子的情況更複雜，因為外陰炎是很難憑肉眼看見的。因為外陰像一個「荷包」，女孩子排尿的位置有小陰唇包着，再被大陰唇包裹。如果排尿後有少量尿液遺留在小陰唇，大陰唇「侷住」小陰唇，就很可能發炎。這種情況經常發生在三至五歲的女孩子身上，因為剛開始上學，而自己尚未能掌握清潔技巧，通常只會輕抹一下就把小褲子拉上，長此以往就會引致外陰炎。

診症以來，我最擔心是再次出現以下情況：家長因為不好意思讓醫生檢查小女孩的下體，只是單純化驗尿液來看她是否患上尿道炎。由於外陰發炎，小女孩的尿液會混合皮膚上的分泌物，令化驗結果有誤，出現白血球指數高的結果。醫生因此判斷是尿道炎，給她處方一個星期分量的抗生素，甚至要小朋友入院檢查腎臟。如果小朋友只是患了外陰炎，這些氣力就白花了。

病症

女孩子患上外陰炎的原因可以有三個。第一，是媽媽不敢為女孩子清洗下體，總是用清水沖沖數下就算。其實較骯髒的身體部位就是臉部、手和下體，需要用沐浴乳洗乾淨。用稀釋沐浴乳清潔小朋友的下體是絕對沒有問題的。第二，小朋友坐在小椅子上洗澡，塗抹沐浴乳後沒有用清水徹底洗乾淨，沐浴乳就會「醃住」下體引致發炎。第三，家長選購的內褲太緊太貼身，拉扯着小朋友的下體部位；或是內褲材質不夠透氣，家長在清洗內褲時就會發現有很多污漬。

通常，可以讓醫生簡單檢查患者的下體，已可確定小朋友有沒有發炎。治療方法亦相對簡單，只要小朋友定時塗藥膏、保持清潔，此病就會痊癒。如果發炎情況嚴重，就需要用含抗生素或者類固醇的藥膏，達致消炎殺菌。最重要的還是家長要了解尿道炎與外陰炎和包皮炎的分別。家長替男孩子洗澡時，記得輕輕拉下包皮，沖洗乾淨包皮裏面；替女孩子洗澡時，就要仔細清潔陰唇。家長為小朋友準備通爽的內褲，教導他們在排尿後用紙巾抹乾淨，做好個人衛生，問題自然迎刃而解了。

朱蔚波醫生

兒科專科醫生
香港中文大學兒科學系名譽臨床副教授

香港中文大學內外全科醫學士
香港兒科醫學院院士
香港醫學專科學院院士（兒科）
愛爾蘭皇家內科醫學院院士
愛爾蘭皇家醫學院兒科文憑
香港中文大學內科醫學文憑

撞到屁股致高燒？
原來細菌入血入肉！

> 小朋友活潑好動，玩耍時難免有些小碰撞，家長往往覺得常見而掉以輕心，覺得幾天後痛楚也會舒緩。但當情況未見好轉，甚至開始惡化、出現發燒症狀，究竟是發生了什麼事？

個案

思雅是一個動靜皆宜的 8 歲女孩，比起靜態的活動，她更喜歡跑跑跳跳，爸爸媽媽也說：「小朋友跌下碰過才會快高長大呢！」剛過去的周末，是思雅的運動課，她第一次玩瑜伽球，坐在瑜伽球上面玩耍，一時不慎滑倒地上便撞傷了屁股。噢！媽媽看着思雅紅腫了的屁股，有些心疼，但想着過幾天便會痊癒，也沒有十分擔心。

接下來情況卻有些不尋常，思雅呱呱嚷着屁股痛、痛至不願走路，連續 3 天發高燒，體溫更高達攝氏 40 度，並且出現發冷和手腳

抖震的症狀。有見思雅病情越來越嚴重，父母便馬上帶思雅到私院急症室求醫。

　　當兒科醫生檢查後，發現思雅除了高燒以外，在髖關節和腹股溝的位置出現了關節痛，令醫生懷疑有細菌入了關節，引致細菌性關節炎、甚至更嚴重的骨髓炎。這些炎症有機會影響思雅將來的活動能力，這是醫生不想見到的事。醫生為思雅抽血做檢查，同時給她處方抗生素，來對付容易經皮膚進入體內的金黃葡萄球菌，以及入侵性強的沙門氏菌。可是，接受了靜脈注射抗生素的思雅仍有發燒，身體還出現了發冷發抖的細菌入血症狀。抽血檢查的結果顯示發炎指標——紅血球沉降率的指數偏高，但另一個評估發炎狀態的C反應蛋白的指數卻不高，這跟一般細菌入血的情況不同；為了排除思雅沒有其他骨科問題，醫生亦安排了磁力共振，原來發炎的不是關節，而是肌肉。加上血液種菌的結果，終於發現引起這些不適的原兇。

醫生檢驗了思雅的鼻腔內帶有金黃葡萄球菌，換言之，思雅是金黃葡萄球菌帶菌者；在一般情況下，並不會出現任何病徵，但是細菌有機會從自身的傷口、尿道、肺部及血液等途徑入侵身體引發細菌感染。而肌肉中的細菌，很可能是從思雅屁股上的傷口入侵，引致金黃葡萄球菌血菌症。細菌從傷口進入血液後感染肌肉，引致今次的膿性肌炎。

找到了原兇，醫生便能對症下藥，處方針對金黃葡萄球菌的萬古黴素。思雅服藥後開始退燒、病情有了顯著改善。為了徹底清除體內的金黃葡萄球菌，思雅需要連續十天注射抗生素，直到發炎指數回復正常，才可出院回家。

誰能料到，日常隨時會發生的跌倒碰撞，竟然會發高燒，打針服藥超過 10 天，還要住院半個月才能康復呢！所以話：「非一般的小兒科，咪睇小細路哥！」

病症

　　金黃葡萄球菌可引致皮膚和軟組織感染。個案中的肌肉感染，全名為膿性肌炎（Pyomyositis），除了令患者肌肉疼痛外，也會導致發燒以及出現膿腫等。患病小朋友發燒的狀態也跟平常不同，會發高燒達攝氏 39 至 40 度，而且有機會出現發冷、抖震，面色呈紫等情況。這些時候，家長須盡快帶小朋友求醫；若得不到適切治療，膿腫有機會延伸至骨骼和關節，甚至引致敗血病等。如果小朋友患了骨髓炎，嚴重的日後有可能需要更換關節。

　　一般而言，出現這種情況十分罕見，加上此病很難作針對性的預防，家長要多提醒小朋友注意個人衞生，即使只是被蚊蟲叮咬，也要避免抓傷痕癢腫痛的位置造成傷口而引致細菌感染。當然醫生診症時，也會注意小朋友是否有免疫系統問題或相關病史，如果有的話，他們受細菌感染的風險亦相對較高。

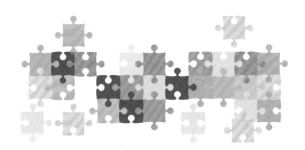

劉成志醫生

兒科專科醫生
香港中文大學兒科學系名譽臨床副教授
浸會醫院兒科名譽顧問醫生

香港大學內外全科醫學士
香港醫學專科學院院士（兒科）
香港兒科醫學院院士
英國格拉斯哥皇家醫學院內科榮授院士
英國皇家內科醫學院院士
卡迪夫大學實用皮膚科深造文憑

30%
日本腦炎倖存者

出現嚴重後遺症
如身體殘障及智力問題等 [1]

世衛建議
接種日本腦炎疫苗
為有效的預防方法 [1]

承諾 給孩子最好的
別奪走他們的快樂童年

有關疫苗資料，請向你的醫護人員查詢

1. World Health Organization, Japanese Encephalitis Vaccines: WHO position paper – February 2015. Weekly epidemiological record 2015;90(9):69-88

感染腦膜炎雙球菌
24小時內
可奪走你的至愛[1]

四價感染
腦膜炎雙球菌
(A, C, W-135, Y)
疫苗獲美國
FDA認可[2]

00:00

22:00

08:00

21:00

24:00

09:00

18:00

14:00

11:00

9個月大或以上兒童可接種
腦膜炎雙球菌疫苗[3]

Reference: 1.Thompson MJ et al. Clinical recognition of meningococcal disease in children and adolescents. Lancet. 2006;367:397-403 2.(2005), Approved Products > January 14, 2005 Approval Letter. Available from: U.S. Food & Drug Administration. Website: http://wayback.archive-it.org/7993/20170723032519/https://www.fda.gov/BiologicsBloodVaccines/Vaccines/ApprovedProducts/ucm131181.htm [Access: April 6, 2020] 3 Centre for Disease Control and Prevention(2013), Prevention and Control of Meningococcal Disease. Available from:, Centers for Disease Control and Prevention Website: https://www.cdc.gov/mmwr/pdf/rr/rr5202.pdf [Access: April 6, 2020]

MAT-HK-2000293-1 0-08/2020

VACCINE HUB:
GET THE FACTS ON IMMUNISATION
f vaccinehubhk

Sanofi Hong Kong Limited
1/F & Section 212 on 2/F, AXA Southside,
38 Wong Chuk Hang Road, Wong Chuk Hang, Hong Kong
Tel: (852) 2506-8335 Fax: (852) 3107-4966

SANOFI PASTEUR

蛋蛋告急

個案

夜深。人靜。

嗡──嗡──嗡──嗡──

電話鈴聲雖已設定為震動模式，寧靜還是被這通突如其來的電話劃破了。

「喂？」

「請問是張醫生嗎？」

「是的。我是。」

「這兒是急症室。有一位病人想請你緊急過來看看。」

「請問是什麼事呢？」

「噢！是一位十歲的男童。他急性陰囊腫痛……今天已經是第三天了。」

「哦？那麼我盡快過來！」

放下電話，心裏的疑問和擔憂不禁湧起：為什麼痛了三天才求醫？萬一是睪丸扭轉的話恐怕……

匆匆披上外衣，不再多想。先盡快趕到急症室，了解情況。

急症室裏面燈火通明，和窗外漆黑的夜幕格格不入。似乎在這裏，並沒有黑夜白晝之分；有的只是一個個前來求診的病人，想把握時間盡快接受治理。

在診症室裏已坐着等候我的，是一位微胖的男孩。胖嘟嘟的臉蛋，很是可愛。眼鏡後的雙眼瞇成一線，不肯定是否因為太累。他面色有點慘白，是因為這急症室裏發白的燈光嗎？

我還未有機會發問，同來的媽媽已急不及待訴說着病情：「已經痛了三天，今天晚上才告訴我⋯⋯嗚⋯⋯嗚⋯⋯嗚⋯⋯急症室醫生說要做緊急手術，還說睪丸可能會壞死⋯⋯嗚⋯⋯」她一邊說一邊哭，最後更摟着孩子一起哭。

急症室醫生說的都是實情。如果真是睪丸扭轉的話，緊急手術是唯一確切診斷和救回睪丸的辦法。一般來說，手術如果能在病發後四至六小時內施行則睪丸存活機會較高。

「也不一定會是睪丸扭轉，也有可能是其他原因。」這也是實情。不太會安慰人的我，嘗試着一邊安撫母子倆的情緒，一邊解釋病情，並建議盡快安排緊急手術。

雖則萬般不情願要接受手術，男孩和媽媽都明白緊急手術是最

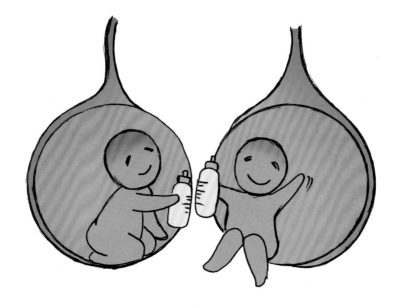

適切的治理方法。

「蛋蛋無恙！」手術後我第一時間告訴媽媽。「並不是睪丸扭轉，只是睪丸附件扭轉！睪丸附件是睪丸於胚胎發育時期的遺留物，睪丸附件扭轉的臨牀徵狀與睪丸扭轉十分相似。但不同之處是：睪丸附件即使壞死，對身體健康及成長完全沒有影響！睪丸亦檢查清楚是完全正常！」

媽媽聽到這好消息後鬆了一口大氣。手術後徐徐醒轉的男孩得知自己的「蛋蛋」無恙，也露出了笑臉。可能他們未必會知道，或者也未必會明白，手術中途當我得知「蛋蛋」無恙時的喜悅，並不比他們少呢！

步出醫院的時候剛好天邊也露出了第一線曙光，正好為這不太平靜的一晚劃上句號。

張承德醫生
小兒外科專科醫生

香港大學內外全科醫學士
香港醫學專科學院院士（外科）
香港外科學院院士
愛丁堡皇家外科學院小兒外科院士

癲癇腦病變「卓飛症」是什麼？

　　小朋友發燒，醒目的家長便知道要當心，監察着情況。「卓飛症候群 Dravet Syndrome」是一種嚴重的小兒癲癇腦病變，患兒初期可能只有反覆性的熱性痙攣（Febrile convulsion），伴隨有複雜性熱痙攣徵狀，而且抽筋時間一次比一次長，其後沒有發燒時也會抽搐，抽搐的形式也頗為多樣化。此病可說是非常棘手，幸而案例中的家庭沒有放棄，願意花上時間和付出心機來照顧患病的小朋友。

個案

　　我曾經見過三個「卓飛症」的案例。印象較為深刻的是現時已經十一歲的男孩子霆霆，霆霆是經家庭醫生轉介來看兒童腦神經科，因為他從六個月起就常常有發燒和抽搐，而每次都來得非常突然，雖然熱性痙攣在六個月大的小朋友也算是常見，不過霆霆抽筋不是

全身性的抽搐，是局部區域性的發作，而且抽筋時間更越來越長，每次維持十至十五分鐘之久，甚至發低燒也會抽筋。有一次只是泡了熱水浴就抽搐，另一次是接種疫苗後發作。於是家庭醫生為他安排了腦電圖及電腦掃描檢查，卻是一切正常。

我為霆霆看診時他只有一歲半，當時不會說話，走路不太穩定，看似發展遲緩。仔細問診下，霆霆曾經服用抗癲癇藥，但用藥後抽筋的情況更差，他開始出現沒有發燒、且無預警的抽搐。雖然全身性抽搐減少，但局部性抽搐卻增加，例如眨眼、臉部抽動等。霆霆也會出現一些非典型的抽搐，例如突然發呆，這種抽搐的學名為「非典型失神」。另外亦會出現突然暈倒的「失張力抽搐」。綜合以上的情況，便請了大學醫院幫忙，為霆霆進行基因檢測，最終確認霆霆患上了「卓飛症候群」。

「卓飛症候群」是一種基因病變，是鈉離子通道突變（SCN1A mutation）導致的嚴重癲癇腦病變。納離子通道對溫度很敏感，每次

患者高溫時就會失調，導致患者抽搐。在 1978 年由法國腦科醫生卓飛發現，後來國際組織就以他的名字來命名此病症。「卓飛症」的病徵很特別，患病的小朋友在一歲前已經會開始頻繁地出現熱性痙攣的情況；一歲過後，情況會越發嚴重，患者會出現不同種類的抽搐方式，這些抽搐方式也是極難醫治和控制；到患者二至五歲時，智能發展會受到影響，運動神經、語言能力、肢體力量等皆比同年齡孩子弱。

患有「卓飛症」的小朋友，他們發燒和抽搐是有誘因的，主要是當小朋友體溫過高如感染後發燒、泡溫泉或熱水涼；環境中有閃光、又或者注射疫苗令小朋友受到刺激等等。患有熱性痙攣的小朋友不一定有「卓飛症」，但有非典型徵狀，如首次發作時不足六個月、有局部型抽搐、持續抽搐多於十五分鐘、低燒情況下有抽搐、或在發燒期間多過一次發作，就應該找兒科醫生諮詢。醫生會詳細問診，如有癲癇家族史或發展遲緩，就要留心。患有熱性痙攣的小朋友，在五歲後再沒有抽搐就不用擔心「卓飛症」。至於治療方面，

現時醫學界正尋找修復基因功能的方法，暫時只可以用藥物控制抽搐情況。要留意是患有「卓飛症」的小朋友對某些抗癲癇藥會有不良反應，所以早期診斷有助於藥物的選擇。縱使「卓飛症」不能「斷尾」，家長越早知道這個疾病，及早診治，了解個中的種種誘因，就可以幫助減少小朋友發燒和抽搐的次數。除了使用傳統抗癲癇藥，生酮飲食或迷走神經刺激術都有一定的幫助。個案中的霆霆就是採用合併療法，現時吃藥及使用生酮飲食，抽搐情況大有進步，身心發展亦有改善。

嚴德文醫生

兒科腦神經科專科醫生
浸會醫院兒科名譽顧問醫生

香港大學內外全科醫學士
香港醫學專科學院院士（兒科）
香港兒科醫學院院士
英國皇家內科醫學院院士
英國皇家兒科醫學院院員
卡迪夫大學實用皮膚科深造文憑

小朋友頭痛要留神
盡早發現腦腫瘤！

腦腫瘤聽起來很可怕，但是越早發現，就能及早安排適合的治療方法，提高痊癒率。如果小朋友有頭痛的規律，家長就要注意了，但不需過分緊張，免得濫用檢查呢。

個案

俊仔是一個很好動而且可愛的小男孩，他曾經患有鼻敏感、傷風、感冒、耳朵發炎等問題，奇怪的是每次都會表達自己出現頭痛，然而每次醫治好病症後，他的頭痛也會隨之消失，所以俊仔媽媽和我都不以為然。

當我再次見俊仔的時候，他已有 7、8 歲大，媽媽說他的精神比以往差了很多，經常都需要睡覺，間中仍然會表示自己有頭痛。最初媽媽以為疫情稍緩，俊仔開始復課，因為還未能適應而導致身體狀態異常。可是俊仔早上起牀後，有時候還會嘔吐，所以媽媽決

定帶他來找我了。

在這類情況，很多時醫生做臨牀檢查都未必可以發現問題，當時我為俊仔做檢查時，他的血壓和維生指素都顯示正常，眼底和瞳孔也沒有任何異樣。如果是腦部有問題，腦壓一般會增加，眼底隨之可能會出現水腫情況，但此病徵主要在患病後期才發生。我總是覺得小朋友經常頭痛加上早上有嘔吐跡象，綜合而言是一個重要的警號，因此，跟俊仔媽媽商量後，決定立即安排他入院進行更詳細的檢查。

俊仔完成磁力共振後，我們發現他腦下垂體附近出現一個陰影，相信是惡性腫瘤，而且開始有影響他的視覺神經跡象。隨後我安排俊仔轉院到公立醫院，不過幾天內已確診是腦腫瘤，並需接受腫瘤切除手術。俊仔前後共進行了三次手術，才能切除大部分腫瘤，餘下小部分腫瘤以電療方法醫治，小小年紀的小伙子，實在辛苦了。

當我再探望俊仔時，精神比以前好，開始慢慢康復中。他的甲狀腺和腎上腺素皆受影響，需要定時補充激素輔助身體。另外，因為手術影響了腦下垂體，令他常有進食意欲，亦因此變得比以往胖

兒童腦腫瘤

了很多，比從前的他還俊俏可愛了啊！俊仔媽媽當然為俊仔的康復而感到高興，但也不免怪責自己太遲應對頭痛問題。醫生希望家長們明白，小朋友頭痛的問題很普遍，不需要一有頭痛就馬上做大量檢查，家長亦不需要也不應過分怪責自己。

病症

要分辨小朋友的頭痛是否腦腫瘤造成，可以留意小朋友的頭痛有沒有以下特徵：第一，頭痛的時間較長；第二，頭痛程度劇烈，必須吃藥才能解決，影響日常生活，也令小朋友嘔吐；第三，頭痛的時間異常，例如小朋友早上起來就頭痛，有時候深夜也因頭痛而「痛醒」。如果小朋友的頭痛符合以上條件，就要多加留意，帶小朋友看醫生，諮詢專業意見吧。

在香港，最常見的兒童癌症是白血病，腦腫瘤排行第二，大部分情況下小朋友患上腦腫瘤是沒有原因的，如小朋友患有先天性疾病，其他身體問題可能提高他患上腦腫瘤的機會。但整體而言，基因、家族遺傳等都不是小朋友患上腦腫瘤的原因。以全港計算，兒童腦腫瘤案例，一年只有約 30 宗。

治療方法

　　小朋友的良性或惡性腦腫瘤有不同的治療方法，但兩種腦腫瘤都可能為小朋友帶來不良影響及嚴重後遺症，主要視乎腫瘤的位置會否令小朋友出現頭痛以外的問題，例如腫瘤在腦額葉位置，會影響記性和行為性格。若在腦下垂體的位置，則會影響內分泌及視覺。我曾經遇上一個案例，小朋友嘔吐不適，以為是腸胃炎引起，但檢查過後發現是腦腫瘤壓住了腦幹造成。然而出現頭痛以外的病徵，才檢查小朋友是否有腦腫瘤，已經是比較遲的治療階段。

　　醫生治療腦腫瘤時，通常會先做手術切除腫瘤，再做電療、化療及幹細胞移植等，用以清除餘下的腫瘤並減低復發機會。兒童腦腫瘤痊癒率相對白血病的低，痊癒率可能只有 20 至 30％，視乎腫瘤種類、位置及發現時間等。但及早發現並進行治療，也會大大提升痊癒機會，家長無須過分擔心。

梁卓華醫生

兒科專科醫生
浸會醫院兒科名譽顧問醫生

香港中文大學內外全科醫學士
香港兒科醫學院院士
香港醫學專科學院院士（兒科）
英國皇家內科醫學院院士
英國皇家兒科醫學院院員
倫敦大學臨床皮膚學深造文憑

病從口入
腳痛也因菌入血！

> 　　小朋友鬧別扭說腳痛不願下牀，家長大多會覺得是孩子想躲懶不願上學。小朋友身上明明沒有傷口、又沒有跌倒碰撞受傷，又怎麼會痛呢？有誰能想到，原來細菌早已不知不覺中入侵了身體……

個案

　　小朋友正正今年三歲，剛開始就讀幼稚園。有一天的午飯時間，正正媽媽突然收到幼稚園通知，要到學校接正正早退。原來正正有些不適，發低燒以及肚瀉，於是媽媽便帶正正去看家庭醫生。正正服藥後很快便退了燒、精神不錯，也沒有繼續肚瀉。

　　但是過了兩天後，正正突然再次發燒，早上叫他起牀上學時，更是不願意下牀。媽媽好不容易哄了正正下牀，但是他一站在地上

就會不耐煩，哭鬧着說腳很痛要抱抱。於是媽媽再次帶正正看家庭醫生覆診。醫生認為情況不尋常，便轉介正正入院檢查。

入院後，正正除了腳痛不願下牀外，也感到疲累，以及持續有發燒，但是已沒有肚痛或其他不適症狀。由於正正最近曾經肚瀉，兒科醫生安排正正留取大便樣本做種菌化驗。等候報告期間，醫生檢查了正正的雙腳，看到他的皮膚以及關節都沒有紅腫，而且在牀上時的表現很正常，沒有哭鬧。但每當下牀檢查時，正正都清楚指着左腳喊痛。有見及此，醫生懷疑問題是出自於正正的骨骼。經過磁力共振檢查，醫生發現正正的骨膜有發炎跡象，而化驗結果顯示正正的血液和大便中有沙門氏菌。憑着檢查的結果，醫生推斷正正先是因為沙門氏菌導致腸胃炎，後來細菌入血導致菌血症。而細菌在正正身體內經血液傳播，最終導致骨膜發炎。

　　而治療骨膜炎通常要注射抗生素，正正便需要接受共六個星期的抗生素療程，雖然正正不喜歡打針，治療時更是叫苦連天，但正正媽媽每次打針都陪伴正正，安慰他康復後一起去主題樂園遊玩。幸好，醫生發現了是由於菌血症導致骨膜炎，及時應對安排治療。不至於影響正正日後走路，算是不幸中的大幸，康復後正正更是在主題樂園裏跑跑跳跳，玩得不亦樂乎呢！

病症

沙門氏菌常見導致腸胃炎，大多是年紀較小的小朋友，喜歡到處摸東西或是將物品放入口中，或者進食了受細菌污染食物而染病。大部分沙門氏菌腸胃炎患者無需服藥，身體可以自然痊癒。但是幼兒以及長者由於免疫力較差，細菌入血機會較高，所以照顧者不能掉以輕心。

根據文獻紀錄，沙門氏菌甚或有機會引起菌血症。而沙門氏菌的菌血症可以出現在身體各部分，包括心臟及心血管、腹膜、肝、脾、骨膜甚至腦部。小朋友一旦患上腦膜炎，死亡率亦會較高。

要預防沙門氏菌入侵，家長要時刻注意個人及食物衞生。如果可以，最好是自行準備物，而處理食物時，需要保持雙手潔淨，避免污染食物。家長更要記得徹底煮熟食物，以免小朋友病從口入。

温靖宇醫生

兒科專科醫生
香港中文大學兒科學系名譽臨床助理教授
浸會醫院兒科名譽顧問醫生

香港大學內外全科醫學士
香港醫學專科學院院士（兒科）
香港兒科醫學院院士

BB 有便便啦

談到小朋友便秘，大部分家長都解讀為小朋友久久未有排便才是便秘。其實，當大便出現各種各樣相關的異常情況，都可能表徵着小朋友已有小兒便秘的問題。

個案

小兒便秘非常常見，我幾乎每天都會接觸到這個病症，而且徵狀各有不同。除了大便次數疏、排便困難、質地乾硬，大便形狀粗大甚至堵塞馬桶，或大便如卵石般細小，俗稱「羊咩屎」之外，小朋友長期肚痛、嘔吐、腹脹、大便有血或大便失禁而弄髒褲子等都可以是便秘的徵狀。

上個月有個四歲男孩，每天吃飯就喊肚痛，看過幾次醫生，吃了止肚痛藥、胃藥等等都沒效果，凌晨終於經急症室入了醫院，我摸摸他的肚子，一條香蕉型的大便就在肚子左下方，是便秘呢！媽

媽說他每天都有大便，怎可能是便秘？Ｘ光一照，堆滿整個肚子的大便都現形了。處理方法是用塞藥放走下游造成擠塞的宿便，繼而多喝水，多吸收纖維，再用軟便的乳果糖保持大便暢通。如便秘情況持續，就要進一步檢查一下有沒有其他腸臟結構或蠕動的問題了。

常有家長投訴小朋友不願意喝水，還是個食肉獸，怎麼辦？我這個醫生媽媽有些小貼士。

1. 讓小朋友挑個自己喜歡的水杯或水瓶，最好上面印有公仔或刻度的，鼓勵他們喝水喝到公仔的某個五官或刻度，那管他只喝了一口也要誇張地讚他，再向目標進發。

2. 小朋友嫌水口淡淡嗎？可以仿效高級餐廳切一片青瓜或檸檬放進水裏，讓水添一番風味。我不建議加葡萄糖、蜜糖或以果汁代水，一來攝取過多糖分會致肥，二來頻密飲飲品會導致小兒嚴重蛀牙。

3. 覺得高纖飲食會「好寡」？五顏六色的蔬果、粗糧如紅米、糙米和麥皮等等都有豐富纖維，家長不妨與小朋友一起買菜、造型和烹調，一同享受健康飲食的樂趣。

4. 小朋友見到蔬菜就會挑出來？可以嘗試把蔬菜隱形於蒸水蛋、肉丸、飯團和自製的蔬菜麵包內。

5. 乳酪含有豐富益生菌，有助保持腸道健康，原味乳酪加上新鮮水果杯是最佳的配搭。將其打成奶昔，或再雪成冰淇淋或冰棍，小朋友必定愛不釋手。

6. 水果來說，火龍果和麒麟果對排便最為有效，往往第二天就可以看到果籽從大便排出來。莓類、奇異果、無花果、布冧、西梅、橙、蘋果、梨、木瓜等都是很好的選擇。

　　另外，家長也可以協助小朋友養成排便的習慣。進食的過程自然會刺激腸臟蠕動，正餐後嘗試上廁所五至十分鐘，祕訣是營造一個輕鬆的氣氛，別給小朋友太大壓力；膝頭要稍稍高於屁股，讓肛門放鬆，用個小腳踏就可以達到這個效果；上廁所要專心，切忌帶玩具圖書入洗手間。　還要鼓勵小朋友多做運動，這有助腸部蠕動。家長不妨多動腦筋，運用百般伎倆，協助孩子們養成良好習慣，那麼小兒便秘的問題就可以迎刃而解。

　　那邊廂四個月大的小南南來診所接種疫苗，媽媽寒暄時提起小南南曾經長達二十一日沒有大便，但她吃得好、睡得好，肚子也沒有鼓起，就不以為然。小南南一向只是吃母乳，而母乳容易消化，吸收得很好，小妮子長得胖嘟嘟的，媽媽和醫生都知道這不算便秘。媽媽笑說南南前一天剛拉了一大堆稀便，第二天要上飛機她可安心了！

羅婉琪醫生

兒科專科醫生
香港中文大學兒科學系名譽臨床助理教授
浸會醫院兒科名譽顧問醫生

香港大學內外全科醫學士
英國皇家兒科醫學院兒科文憑（國際）
香港兒科醫學院兒科文憑（香港）
英國皇家兒科醫學院院員
香港醫學專科學院院士（兒科）
香港兒科醫學院院士

輪狀病毒口服疫苗

初生6個月開始已是感染高峰期[1,2]，切勿錯過預防時機！

感染高峰期為初生6至24個月[1,2]，而嚴重腸胃炎個案更多出現於4至23個月之嬰幼兒[3]。要有效預防輪狀病毒，須保持良好的個人衞生[4]，處理食物前，如廁和換片後，須徹底洗淨雙手及接種疫苗[4]。**建議盡早向醫護人員查詢預防資訊，以及早為寶寶提供保護**[5]。

如何選擇口服輪狀疫苗[Ω]？

耐受性及效能[5]
經本地及多個臨床研究證實有效及持久預防感染

病毒預防
- 能預防多種最常見的病毒類型[5]
- 能有效預防嚴重的輪狀病毒腸胃炎[5]

及早保護
可為寶寶在感染高峰期（6至24個月大）[1]前提供

輪狀病毒口服疫苗已獲**美國、英國、澳洲**等95個國家及地區納入全民免疫接種計劃（UMV）[6]

及早預防，以免錯過接種期！
BB出生後，請即向醫生查詢預防方法詳情。

Ω 疫苗的副作用，一般可能有輕微腹瀉、發燒及煩躁等[3]

1. Velazquez FR. Protective Effects of Natural Rotavirus Infection. Pediatric Infectious Disease Journal 2009; 28:S54-56. 2. Chiang PK et al. Rotavirus Incidence in hospitalised Hong Kong children: 1 July 1997 to 31 March 2011. Vaccine. 014:32:1700-1706. 3. CDC. MMWR. Prevention of Rotavirus Gastroenteritis Among Infants and Children. Recommendations of the Advisory Committee on Immunization Practices (ACIP); Feb 6 2009; Vol 58:No. RR2. 4. HKSAR Centre for Health Protection. Rotavirus Infection. https://www.chp.gov.hk/tc/healthtopics/content/24/38.html (Accessed 3 May 2018) 5. WHO. Weekly Epidemiological Record.2013; 88(49.64). 6. ROTACouncil. Global Introduction Status. Available:http://rotacouncil.org/vaccine-introduction/global-introduction-status/

NP-HK-MLV-BKLT-190004   Date of preparation: 21/05/2020

發燒又咳嗽
肺炎是真兇？

> 新冠肺炎席捲世界各地，其實我們對於肺炎又了解多少呢？小朋友咳嗽難止、高燒不退，原來是肺部受到細菌或病毒感染而患上肺炎。小朋友肺部發展未成熟，一旦受感染，病情會急劇惡化、死亡率甚高。家長切勿掉以輕心！

個案

八年前的一個凌晨，我正在醫院當值時，突然收到急症室通知，有一個兒科急症需要我去處理。一個五歲的小男孩安仔，初步診斷是患上急性肺炎。當我到達病房時，安仔的狀態已是很差：他連續發燒四天，體溫高達攝氏 40 度，安仔非常疲累，基本上都在昏睡狀態。由於高燒關係，安仔整張臉紅通通的、嘴唇發紫。安仔媽媽在旁擔心不已，原來安仔這幾天內已經看了兩次私家醫生，但病情仍沒有改善。我輕輕喚醒安仔，再為他做其他檢查。安仔一醒過來便

開始咳嗽，呼吸非常急促。我聽他的肺部，發現他呼吸的次數達到每分鐘四十多次；右邊肺部有「痰聲」，而左面的肺部有水聲。加上安仔嘗試用力深呼吸，可以明顯看到左胸升起的幅度較右胸多。於是安排了安仔去照肺部 X 光，進一步確認情況。不出所料，X 光影像顯示安仔右面的肺部有大範圍的白色陰影，這樣便確定安仔患上肺炎和肺積水了。

一般而言，我們會以 X 光影像來診斷小朋友是否患上肺炎，然後會安排驗血，檢查小朋友的白血球細胞數量和發炎指數，以及進行種菌測試，看看細菌有沒有「入血」。同時也會檢驗小朋友身體內是否有對抗細菌的抗體，找出感染小朋友的細菌。除了驗血之外，亦會按照個別患者的情況，在喉嚨和鼻腔取出分泌物，檢驗其中的細菌、病毒和抗體的 DNA。找出細菌和病毒的種類，才能安排適合的抗生素，對症下藥。

在安仔的案例中，驗血報告結果顯示安仔感染了鏈球菌，而由於他的肺部有積水，需要安排外科手術為他「放水」，讓他的呼吸

急性肺炎

回復暢順。安仔最後要住院半個月，完成抗生素療程後，便慢慢退燒。幸好安仔媽媽及時帶安仔入院求醫，覆診時他的 X 光片中可見肺部不再白色一片，回復正常狀態。

家長可以採取以下措施，讓小朋友及早預防肺炎：包括注射疫苗，平常要多注意小朋友的個人衞生，也要教育小朋友衞生小常識。

病症

肺炎主要分為細菌性肺炎、病毒性肺炎和癌症導致的肺炎。大部分發生在小朋友身上的肺炎，都是細菌性肺炎和病毒性肺炎。在我們生活的環境中，存在很多的細菌和病毒，而細菌和病毒可以寄居在一個人的身體內，令人成為細菌和病毒的宿主。當宿主打噴嚏或咳嗽時沒有適當地遮掩口鼻，細菌和病毒就會經這些飛沫傳播而感染其他人。喜歡到處亂摸，而衞生意識不高的小朋友，便很容易受感染。

這裏特別一提，引起細菌性肺炎主要有三種：黴漿菌、肺癆性細菌及鏈球菌。每個在香港出生的小朋友，都可以經母嬰健康院接種肺炎鏈球菌疫苗。至於病毒性肺炎主要來自三種病毒，分別是呼吸道融合病毒、腺病毒和肺炎病毒。細菌和病毒會導致肺炎，肺部的痰和積水會減低肺部轉換氧氣為二氧化碳的能力，患者會因此呼吸困難，需要用力呼吸。有時甚至因為吸入的空氣不足導致缺氧，嘴唇變成藍色和紫色。

肺炎患者亦有機會出現併發症如呼吸衰竭、敗血症、腦膜炎等等。嚴重的肺炎是可以導致死亡的，是香港五大殺手病症之一。而小朋友患上肺炎，病情會比成年人惡化得更快，而且相當影響小朋友肺部功能的發展。

劉家輝醫生

兒科專科醫生
浸會醫院兒科名譽顧問醫生

香港中文大學內外全科醫學士
英國皇家內科醫學院院士
愛爾蘭皇家醫學院兒科文憑
英國格拉斯哥皇家醫學院兒科文憑
香港中文大學內科醫學士文憑
香港兒科醫學院院士
香港醫學專科學院院士（兒科）

無覺好瞓的媽媽

> 有些家長覺得孩子尿牀是骯髒和羞恥的事，但其實孩子夜間尿牀，有機會是患上了夜遺尿這個情況。家長和醫生可以從行為和藥物治療兩方面雙管齊下，改善孩子的尿牀問題。

個案

男孩子暉暉今年已經十一歲了，但他仍然會在晚上尿牀。雖然已經看了幾位醫生，但都未能解決這個問題，而我已是第四位為他診症的醫生。檢查過後，其實暉暉的智能發展是正常，日間也沒有失禁、尿頻及經常性尿急等症狀。為避免暉暉尿牀，媽媽嘗試過從他的生活習慣入手，例如要他睡覺前不要喝水，以及要他上完廁所才去睡覺等。

大約有半年時間，媽媽持續在每晚凌晨喚醒暉暉上廁所，這樣做的確暫時令暉暉不再尿牀。然而，這個方法始終不能長期使用，

媽媽一旦不讓暉暉上廁所，尿牀的問題又再出現。媽媽後來改以懲罰的方式，希望可以有效。可惜，這個方法讓暉暉尿牀的情況更嚴重。事件也為媽媽的情緒帶來負面影響，暉暉亦承受很大壓力。

　　我為暉暉診症時，發現他有便秘的症狀，一問之下，發現他在日間不太常喝水。而便秘對孩子排尿的肌肉會有影響，有可能連帶影響他夜遺尿的情況。除了要暉暉多喝水及處方乳果糖治療便秘之外，我嘗試用行為治療方面，給他一個「尿濕警報裝置」，當裝置感應到尿濕，就會震動及發出響聲，喚醒他去廁所。暉暉用了這個裝置後，夜遺尿的問題逐漸得到改善，由本來有一半時間會尿牀，漸漸可以連續兩個月沒有尿牀。夜遺尿的問題終於解決了，兩母子都可以「有覺好瞓」！

病症

夜遺尿可以分為兩種，原發性夜遺尿較常見，是指孩子從小到大都一直都有尿牀的習慣。一般 5 歲小朋友這情況的機率是 15％，到 18 歲還有夜遺尿的只有 1-2％。另一種是繼發性的夜遺尿，是由於病變例如糖尿病、或者感染，或因為心理壓力而引發，但機會率比較小。

在治療原發性夜遺尿這問題上，藥物是輔助性質，最重要的是行為教育。父母要引導孩子改變自己的行為。例如以用獎賞制度鼓勵孩子，一個晚上沒有尿牀，就可以換取一個貼紙，儲夠一定數量的貼紙時，會有特別獎勵。家長又可以按孩子能力要求他們自己更換牀單、換衣服，承擔自己尿牀的責任。在生活習慣方面，可以讓孩子減少在晚上進食鹽分高的食物，睡前兩小時應盡量避免喝水。

　　從生理學角度，有些孩子的身體晚上製造較多尿液，膀胱「滿瀉」了；有些小朋友則大腦覺醒敏感度較低，難以因膀胱滿載對大腦的刺激信號而醒來上廁所，導致尿牀。進行行為治療後，如果情況沒有改善，醫生也會考慮用藥物來控制夜遺尿。睡前服用含有抗利尿激素的藥物，可以讓孩子在睡眠時間減少製造尿液，唯患者在停藥後的復發率高達 7 成。

　　一般來說，孩子踏入青春期，會開始注意自己的形象，大多會願意主動配合治療方案，嘗試改善問題。醫生會與孩子及家長商討，按照個別患者情況安排合適治療方法。另外，記錄孩子喝水和排尿時間、分量及次數，亦可以幫助醫生找出夜遺尿的成因。希望各位家長不要指責孩子尿牀，而是與孩子一同找出原因，解決夜遺尿問題！

陳栢康醫生

兒科專科醫生
浸會醫院兒科名譽顧問醫生

香港中文大學內外全科醫學士
英國皇家兒科醫學院院員
香港兒科醫學院院士
香港醫學專科學院院士（兒科）
卡迪夫大學實用皮膚科深造文憑

大腦迷離：
血管迷走神經性暈厥

有些小朋友可能會經常感到頭暈，甚至昏厥，這可能是一個非常嚴重的情況，父母定必很擔心，究竟兒童為什麼會暈厥？它的成因為何？當孩子暈倒時，家長應該如何處理？我們且看看婷婷的故事便有分曉。

個案

十二歲的婷婷和她的十多個同學，今天跟隨學校老師，到社區疫苗接種中心接種新型冠狀病毒疫苗，過程非常順利，隨後他們在觀察區休息十五分鐘，有說有笑，好不愉快，正當他們準備離開時，突然砰嘭一聲，不好了！婷婷從椅子上掉下來，背面朝天，她失去知覺，四肢還在抽搐！同學們都驚惶失措，不知道該怎麼辦，只能哭着求救，醫護人員立即上前救援，先幫助她躺平，並抬高她的腿部，醫生查看婷婷時，發現她當時臉色蒼白，全身乏力，脈搏微弱，並冒出冷汗，醫護人員便用擔架將她運送到治療房。當她到達時，

逐漸恢復意識，但她的血壓和心率仍然非常低，醫生問婷婷發生了什麼事，她只記得她突然感覺頭暈，聽覺模糊，接着眼前一黑，然後就失去知覺，當她醒來時已經在治療房了。醫生繼續為她進行身體檢查，發現她額頭上有瘀傷和血腫，其他器官系統是正常，此時婷婷媽媽聞訊趕到，據媽媽回憶說，婷婷之前亦有暈厥病史，當她上小學五年級的時候，參加學校早會，大約站立十五分鐘後便暈倒，如果在烈日下運動，她亦經常會感到頭暈。雖然婷婷躺一會兒後，她的血壓和心跳慢慢恢復正常，但她曾經抽搐及頭部有瘀傷，醫生遂決定送她去醫院作進一步檢查。

婷婷在醫院住了兩天，醫生替她做生命體徵監測、心電圖、腦電圖、顱骨X光和腦部電腦掃描等各種檢查，確認她沒有心律不正、癲癇或腦損傷等問題，更諮詢兒童心臟科醫生為她安排出院之後，做心臟超聲波檢查和傾斜牀測試。結果她的心臟超聲波正常，但傾斜牀測試呈陽性，即她患有血管迷走神經性暈厥。醫生便向她詳細解釋血管迷走神經性暈厥的病因和預防措施，建議她接種第二劑疫苗及其後十五分鐘的休息需要躺下，參加學校早會時不要站立，多喝水，學習一些反壓力動作，此後婷婷就不再昏厥了。

病症

　　暈厥是指病人暫時喪失意識，是一種頗常見的情況，它有不同的原因，主要成因是心源性、腦神經源性及神經介導性，心源性的暈厥可能是由於嚴重心臟病引致，如左心流出道梗阻、肥厚性心肌病、肺動脈高血壓或心律不正，腦神經源性可能是由於腦血管阻塞、癲癇發作或其他腦病變，這些問題均非常嚴重，可能危及生命。

　　幸好大多數的暈厥均為良性，最常見為神經介導性的血管迷走神經性暈厥，它可以發生於任何年齡，在兒童和年輕人中也很普遍，它是身體自主神經系統對某些刺激，如壓力、恐懼、疼痛、有害刺激的不正常反應，長時間站立或烈日下運動，也會誘發暈厥，病人通常有頭暈、噁心、嘔吐、冒汗、視力及聽覺模糊等先兆症狀，此時，心率和血壓會突然下降，導致大腦血流量極度減少，繼而昏厥，一旦病人倒下平躺，心率和血壓便會逐漸回復正常，從而恢復意識。

　　如遇孩子感覺暈厥前的先兆症狀時，家長應該保持鎮定，先

找個安全地方，幫孩子坐下或躺下，如孩子已失知覺暈倒，應盡量扶助孩子躺下，以免跌撞受傷，立即致電召喚救護車，接着查看孩子臉色、呼吸、身體鬆弛或僵硬度，四肢有否抽搐，這將有助醫生的斷症，如有必要，需找在場人士協助急救。

雖然大部分暈厥是良性的，但仍有機會是由嚴重的心臟或腦部疾病所致，加上患者失知覺後，可能跌倒，甚至遇溺或遇上交通意外，造成身體或頭部受傷，可大可小，因此及早延醫診治和預防至為重要。兒童心臟科醫生可以為患者進行心電圖、二十四小時心電圖監測和心臟超聲波檢查，以排除心源性的暈厥。跟着進行傾斜牀測試，診斷孩子是否患血管迷走神經性暈厥，孩子在傾斜牀上綁好安全帶，便由平臥轉換至牀抬頭傾斜六十度，模擬站立狀態數十分鐘，亦可能需要加上藥物，引發暈厥症狀。其間醫護人員會監察孩子的血壓、心率和血氧飽和度，是否重現昏厥，如果出現暈厥症狀，並伴有心率和血壓下降，則測試為陽性。醫生會給孩子，提供針對性的預防措施和建議，有助防止復發，只有極少數患者需要藥物治療或植入起搏器，經過適當的檢測和跟進，大部分孩子的情況都會好轉，像婷婷一樣以後不再昏厥了。

李淑嫻醫生

兒科專科醫生
香港大學兒童及青少年科學系名譽副教授

香港大學內外全科醫學士
香港兒科醫學院院士
香港醫學專科學院院士（兒科）
英國皇家兒科醫學院榮授院士
英國皇家內科醫學院院士
英國愛丁堡皇家內科醫學院榮授院士
香港社會醫學學院院士
澳洲皇家醫務行政學院院士

後記

2021 是一個特別的年份，艱難的環境給我們的兒科醫生帶來挑戰也提供了機會。他們利用較為鬆動的時間思考怎樣回饋社會，思考可以怎樣幫助少見了的病人和家長。

就是這份心意孕育了這本寶貴書籍。當中的過程自然遇到挑戰和學習的機會，我們由安排資金、發掘病人感興趣的題目、統籌印刷公司、插圖排版等等都有賴十位醫生專業的兒科知識和提供無縫配合和意見，這正反映了醫生們的熱誠和心思。

希望大家看完這本書之後能增長醫學知識，我亦體會到前人所說「贈人玫瑰，手有餘香」，看見我們的醫生團隊努力貢獻社會，對他們就更加佩服信任。

歐陽淑芳女士
栢峰醫務中心總經理

栢峰醫務中心 ── 診所背景

先前，翹采醫務中心的兒科服務，由五位資深兒科專科醫生提供，獲得不少病人和家長的支持，也得到醫院的信任。無獨有偶，栢峰醫務中心也有五位兒科專科醫生，團隊醫生相遇相惜，意向接近，最後更聯手合作，向着共同的理想邁進，更有效地運用資源和善用人才，一起締造優質及全面的兒科專科服務。

現時栢峰醫務中心人才匯聚，並擴闊和更多醫院的合作機會。醫生不但有豐富的兒科專科門診經驗，服務更涵蓋急症和照顧初生嬰兒，水準和能力皆保持得非常鞏固。栢峰的服務對象包括初生嬰兒、兒童和青少年；而服務範疇方面，從簡單而重要的疫苗接種，以及成長的跟進，到更深入的兒科專科，包括有心臟科、腦神經科、呼吸科、小兒外科、腎科、內分泌科、免疫力科和母乳餵哺教學等等。除此之外，栢峰亦有和其他專職醫療合作，例如兒童發展評估，臨床心理學診斷，言語治療和聽力測試等等。

此外，因應寶寶的緊急迫切需要，栢峰亦提供流感快速測試及CRP快速測試等等設備，希望在短時間內即時斷症，快速找出病因並作出適切的治療。縱使新冠疫情仍然嚴峻，栢峰不單未有怠慢，

反而多行一步，在 2020 年底，為有黃疸的初生嬰兒引進了家用照燈服務，使家長可以輕鬆地在家中為自己的寶寶將疸紅素降低，減低幼兒出入醫院的頻率和辛勞，降低感染風險。

　　辛苦抗疫之中，栢峰不忘跟大家分享一下他們醫歷裏有趣的經歷和感想，就這樣成就了《兒難雜症奇遇記》。由前身 2013 年發展至今，團隊在沙田及尖沙咀開設醫務中心，努力於社區裏提供優質的服務。現時仍然積極拓展中的栢峰，於七月下旬在荃灣開設門診服務，致力成為各區小朋友的健康夥伴。

聯絡

尖沙咀中間道15號
H Zentre 101舖

沙田白鶴汀街10-18號
新城市商業大廈6樓606室

聯絡

聯絡

沙田白鶴汀街10-18號
新城市商業大廈8樓806室

荃灣楊屋道1號
荃新天地UG層UG51號舖

聯絡

栢峰醫務中心

鳴謝

兒難雜症奇遇記

編 著 機 構： 栢峰醫務中心
機 構 地 址： 尖沙咀中間道 15 號 H Zentre 1 樓 101 號舖
機 構 網 址： www.platform-pmc.com
採 訪： 鍾小曼 梁恩嘉
文 字 編 輯： 梁恩嘉
繪 者： 梁晴 Yupaporn Saemou
美 術 設 計： 譚漢超
美 術 編 輯： 陳柏希
排 版 設 計： 陳柏希
製 作 及 承 印： 小樹苗教育出版社有限公司
版 次： 2021 年 12 月初版
國 際 書 號： 978-988-8710-23-2
港 幣 定 價： 一百一十八元正

香 港 代 理 發 行： 聯合新零售 (香港) 有限公司
地 址：香港鰂魚涌英皇道 1065 號東達中心 1304-06 室
電 話 號 碼： 29635300
傳 真 號 碼： 25650919